オレたちの軽トラは名刺代わり

長野県安曇野市●布山繁さん

リンゴ園の中に軽トラを持ち込んで、畑で選別作業をする布山繁さんとお母さん。青く塗ったボディカラーと、あづみのフルーツマイスターのロゴシールが目立つ（写真はすべて赤松富仁撮影）

布山繁さん

布山さんの仲間の軽トラ勢揃い。右から大倉健太郎さんの三菱 ミニキャブ。布山さんのダイハツ ハイゼット。坂野史典さんのホンダアクティ。降幡正夫さん（農家の好みに合わせて軽トラの装備を省いたり加えたりを提案する降幡自動車）のスズキ キャリイ。健太郎さんのスバル サンバー。岩垂和明さんのハイゼット・オートマ車

いつも使うものだから、楽しく使いたい

安曇野《あづみの》のリンゴ農家のあいだでも軽トラは必需品だ。

「このへんでは一家に二台ずつ持ってますよ」というのは布山繁さん（四〇歳）。

「軽トラはみんな乗るものだし、乗ってる時間も長いものだから楽しく使いたいですよね。自分用は車体を青く塗っちゃってます（笑）。嫁用はエアコン付き。バアバはスーパーカブ（笑）。仲間の家だと自分用とお母さん用とかに分けてると思いますよ」

実際、布山さんが仲間に声をかけると、一家に二台ある中から、写真のようにそれぞれの好みの軽トラが集まった。

安い標準タイプに、本当に欲しい装備をつける

布山さんの軽トラはダイハツハイゼット4WDの標準グレード。ハイゼットはエンジンが長持ちするのと、リンゴの収穫コンテナが荷台にタテに三つ、ヨコに四つ収まり、荷物を積んで走るときに安定感があるのが気に入っている。同じハイゼットにもいろんな装備が付いた営農グレードもあるが、高くつくので買わない。とくに、ぬかるんだ畑にはまったときに使うデフロック機能なんてなくても、アクセルとクラッチを使いこなせば大丈夫だという。

「いわゆる標準タイプを選べば、営農タイプより二〇万円くらい安く買えるんですよ。新車で六〇万円台から買える。ただ、嫁は冷やしとかないといけないから嫁用はエアコンとパワステ付きのタイプです。農家は力があるからパワステ（パワーステアリング）いらねえだろうなんて、トンデモナイよね。それに軽トラは白のボディカラーしかないのもおかしい。自分の好きな色を選べてもいいよね」

青い車体の軽トラは名刺代わりでもある

布山さんが軽トラを青く塗っているのは「軽トラは名刺代わり」と考えているからでもある。

運搬車（右）から軽トラにコンテナをすべらせると、運搬がラク。この程度の段差は気にならない。軽トラのアオリをはずして、荷台の端へ運搬車のアオリを渡している。フローリング（矢印）の下には接着のためのコーキング剤を塗り、ビスでとめてある

軽トラでリンゴの樹の抜根もできる

けん引ロープ（49ページ参照）を樹のいちばん下の枝にかけ、バックでじわじわと引っ張る。細い根は残るが、地上部がなくなればよい。万一ロープがはずれるとフロントガラスに当たるので軽トラのフロアマットをロープにかけておく

布山さんは、リンゴを産直する会社「㈱あづみのフルーツマイスター」を仲間六人と立ち上げている。見栄えよりも、食べておいしいリンゴを直接お客さんに届けたいと考えたからだ。大量のリンゴを自分たちで売るのは大変だけれども、一歩踏み出せば「今の農業、おもしれえぞ」ということをみんなにアピールしたい。そう考えて、どこに行くにも、マイスターのロゴ入りシールを貼った青い軽トラを走らせる。かなり目立つので「あそこで油売ってたろ」なんて言われることもあるが、リンゴの配達先では「青い軽トラの人」として一回で覚えてもらえる。

経営が産直スタイルに変わると、大きい車より小さな軽トラがよくなるのだとも。

「農協出荷中心のときは荷受け時間までにできるだけたくさん持っていかないといけないから、一t車中心だった。でも今は、畑でゆっくり選別して少しずつ家の倉庫に運べばいいんで、軽トラ中心。畑に入れるんで大きい車より効率がいいんですよ」

荷台のフローリングでコンテナ運搬がラク

畑での使い方にも工夫している。たとえば、リンゴを軽トラに積み込むときの工夫。

布山さんは収穫コンテナを載せた運搬車を周辺道路に運び出してから軽トラに載せ替える。このとき、よっこらしょと持ち上げると腰を痛めるので、どちらの荷台にも住宅用のフローリングを張り、コンテナをすべらせるようにしている。古くなってもすぐに張り替えられるのでいい。

軽トラはなんと、わい化リンゴの抜根にも使えるという。成木に切り株接ぎをするようになった最近はやっていないが、古い成木を人力で抜くのに比べたら本当にラク。そもそも軽トラは馬力があるし（約六〇馬力）、ロープのかけ方で簡単に抜ける。きつい作業も楽しくなる。

現代農業二〇一一年三月号

直売所名人の軽トラ マイ・ラブ♥

秋田県大潟村●古谷せつさん

古谷せつさん。少しおしゃれして出かけるときも愛用の軽トラで。3分で変身!

外は凍えるような氷点下。雪混じりの強風が吹き荒れる秋田県大潟村。こんな真冬に野菜はあまりないだろうと思いきや、村の直売所「潟の店」には朝からきれいな野菜がどっさり積まれた棚がある。古谷せつさんの野菜だ。

「年中通して休まずに出す」がモットーのせつさんは、真冬でも、ほかの人が出さない端境期でも野菜をつくり続けて出荷する直売所名人。そして、大の軽トラ好きでもある。

真冬の無加温ハウスにさまざまな野菜がビッシリ植わっている

ベビーリーフの袋詰め作業。荷台の高さがちょうどいいから仕事がはかどる

軽トラがないと何にもできない

一五町の田んぼは旦那さんと息子さんに任せ、自身は五反の畑（イネの育苗ハウスが主）を切り盛りしながら直売野菜を専門につくる。

せつさんの畑に入ると、ブロッコリーの株元にはカラシナ、アイスプラントの株脇にはベビーリーフなど、あらゆるところに野菜が隙間なくビッシリ植わっている。「空いた場所はもったいないでしょう。隙間があったらすかさず植えるのよ」というのが、せつさんの年中出す秘訣のひとつ。

直売所には心待ちにしているお客さんが多いので、一日に三回も四回も野菜を届けることがある。

そんなせつさんが「これがないと何もできない」というのが軽トラだ。自分で買ったもので、保険料や税金も自分で支払う。タイヤ交換だって自分でこなすほどの愛用ぶり。いま乗っているのが三台目で、走行距離は六年で一四万km。

袋詰め・調製作業は軽トラの荷台がいちばん

三カ所に分かれた畑や直売所に通うのはもちろん軽トラだが、野菜を袋に詰めたり始末したりする作業も軽トラでやる。重さを量ったりダイコンやニンジンの葉をとったりするには軽トラの荷台の上がもってこいなのだ。作業に使う道具や野菜を置くスペースもあるし、身長一五二cmのせつさんが立って作業するにはちょうどいい高さ。「長時間作業しても腰がいたくならないから、仕事もはかどりますよ」。おまけに、荷台の上で荷物を作れば、そのまますぐに運べるのもいい。

せつさんは、作業小屋に軽トラをバックで入れ、調製作業する荷台部分が小屋の中に入るようにする。屋根で

荷台の上に麻袋を敷いておくと野菜が汚れず、調製で出たゴミも持ち運びがラク

タアサイの調製作業

風雨がしのげるのが都合がいいからだ。

でも、古谷家は大規模稲作農家。家の誰かが急に作業小屋を使いたいときもある。そういうときは必要なものを荷台に乗せたまま軽トラごとサッと移動。日射しが強い日だったら、小屋の近くの木陰に行けば気持ちよく作業が続けられる。こんな融通が効くのも軽トラの魅力だ。

必要なものは何でも積んである

ところで、せつさんの軽トラには財布からハンコから何でも積んである。風が強いときや寒くなったときに使う手袋やマスクは必需品。何枚も積んである。雨用の帽子と晴れ用の帽子、お出かけ用の帽子もある。あめ玉とインスタントコーヒー、ポットはいっぷく用。暇なとき読めるように新聞や『現代農業』なんかも積んである。これらは全部バナナの段ボール箱に入れ、助手席に置いてある。

荷台には、「これさえあれば畑で困らない」という営農七つ道具一式（次ページの写真）を入れた箱。それと、収穫カゴや草取りに使うホー、鍬、ほうき、荷物を縛るゴム、管理機に燃料を入れる灯油ポンプまである。すべて自分一人で何でもできるように厳選された必需品。

「こうして積んでおけば、何かあってもわざわざ取りに戻らなくていいでしょう。どこにでもすぐに行けるし……。私の軽トラ、何でも出てくるからドラえもんのポケットみたいでしょう（笑）」

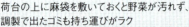

軽トラに積んでいる必需品、大公開

ぜんぶ箱に入れて助手席に置く

中央の7つが、これさえあれば畑で困らないという「営農7つ道具」

荷台にもいろいろ積んである

ちょっとおしゃれして町に出るのも軽トラ

畑だけでなく買い物や会合など、ちょっとした用足しにも軽トラは便利。小さい道でも小回りが効くし、四駆にすれば冬の雪道だって意外に強い。

三〇㎞ほど離れた秋田市内の美容院に行くときも、もっぱら軽トラだ。そのときは、少しおしゃれして行く。畑から作業小屋に戻ったら、カッパを脱いで、小屋に吊るしてあるお出かけ用のコートをまとい、マフラーをして、ちょっとおしゃれな帽子をかぶると……、たった三分で変身！ 忙しい中でも上手に時間をつくるせつさんなのである。

美容院の美容師さんがせつさんの野菜に惚れ込んで、野菜を持ってきてくれるのを心待ちにしているのだ。以前、ポットに植えたベビーリーフをお土産に持っていき、「葉をかきながら食べたらいいよ」と教えてあげたら、とても喜ばれた。以来、美容師さんはお店に来るほかのお客さんにもすすめて注文までとってくれるようになったので、美容院に行くときは、毎回野菜をどっさり積んでいく。だから軽トラじゃないと都合が悪いのだ。

「私、美容院もただでは行かないの。ちゃんと野菜も売ってくるのよ（笑）」

作業小屋に軽トラの荷台部分だけ入れて、中で作業する。愛用の軽トラはスバル サンバー

いろいろなアイデアが浮かぶ移動マイルーム

せつさんは軽トラに乗っている時間が大好きだ。一人で乗るので、まるで自分の部屋。考えごとをするにもすごくいい。

「畑の周りに軽トラを止めて、だまーって座って、本を読んだりすることがあるけど、そういうときに発想が広がるのよね。家にいて、ごちゃごちゃしているときに考えても発想は出てこない。だから私、いろいろなアイデアが浮かぶんだと思うの」

畑で軽トラの荷台にちょっと腰掛けて、だまーって見てて、次はあそこに何植えようかな、来年は何植えようかなと考える。寒い春先にハウスから露地に植えなおして早出しするやり方も、そうやってて思いついた。

「こういう時間ってとっても大切だと思う。コーヒー飲んだり、あめ玉なめたりしながら現場を見る。そんな時間をつくるのも軽トラがちょうどいいのよね」

現代農業二〇一一年三月号

バックホー農業なら ミカン園の作業ラクラク

静岡県磐田市●深澤明男さん

静岡県磐田《いわた》市社山《やしろやま》でミカン園「豊岡農場」を営む深澤明男さん（六四歳）。もともとは由比町（現・静岡市清水区）の段々畑でミカンをつくっていたが、昭和三十九年、明男さんの農業高校卒業と同時にいまの土地を購入した。広さは三・三ha。それから五年ほどは、もとの段々畑と新農場の二カ所でミカンを栽培していたが、新農場の収量が由比町の収量を上回ったことをきっかけに新農場に一本化することにした。段々畑と比べるとこの豊岡農場は土地がひとまとまりで広く、作業効率が圧倒的によかった。以来、由比町の畑は地元の人に委託し、平成元年には住まいも農場内に移した。

お客さんと直接つながるミカン経営

栽培するミカンの品種は宮本極早生、宮川早生、南柑中生、青島みかん、ポンカン、はるみ、イヨカンの七品種。一〇年ほど前には直売所を開設した。いまでは通信販売とあわせて、収穫したミカンは一〇〇％自分で販売している。ミカンを直接届ける顧客は五〇〇〜六〇〇人ほど。そのうち七割くらいは直売所に買いに来る地元の人で、残り三割は電話やFAXでの注文に応えている。手作りのジャムやマーマレードも人気商品だ。

ミカンの樹一本からとれるミカンをまるごと自分のものにできる「オレンジオーナー制度」を展開しているのもユニークだ。収穫までの管理は農場が行ない、オーナーは自由に農場を訪れてミカン狩りの楽しみと食べる喜びを二重に味わうことができる。毎年人気があるが、この二年は休まざるを得ない状況にある。というのも昨年は、豊作だった一昨年の裏年で大不作。今年は今年で、昨年の猛暑の影響で樹が弱っていて、多くの収穫を見込むのが難しいからだ。

リースで便利さを体験
二〇年前に初めて購入

いまの農場でミカンを栽培するようになってから、バックホーをリースで借りて使い始めるようになった。以前の段々畑は圃場が分断されていて狭く、作業はスコップと鍬でやるしかなかったが、バックホーが使えると苗木の植え替えや老木の抜根、堆肥の切り返しに重宝する。

収穫したミカンは、直売所や通信販売で100%自分で売る

ただ、リースだとちょっと使いたいときに手元にない不便さを感じた。

そこでバックホーを購入したのが三〇年ほど前のこと。スピードスプレーヤ（SS、防除機）を導入したことで、園内道を整備する必要性が生じたのがきっかけだ。現在使用しているバックホーは二台目で、ヤンマーB2X（機械重量二一四五kg）をベースにした機種だ。一二年ほど前に、これよりやや小ぶりの一台目から買い換えた。

近隣でも、まとまった農地を所有する専業農家には、バックホーを持つ人が増えた。それでも繁忙期は「バックホーの手」を借りたい人が多いようで、茶樹の抜根の手伝いを近所の人から頼まれることもある。深澤さん

豊岡農場全景

も、近所からもう一台借りてくることもある。

苗木の植え替え、老木抜根、堆肥切り返しがラクラク

バックホーの主な用途は、リースで借りていたときと同様だ。苗木の植え替え、老木の抜根、堆肥の切り返し。いずれの作業も、スコップと鍬でやるのとは比べ物にならないくらいラクになった。

苗木は、二年ほど育ててから定植地に植え替える。バケットで周囲を掘れば簡単に抜ける。植えるときも、バケットで掘っておいた穴に苗木を置いて土を被せるだけだ。

老木の抜根作業には、バックホーを使っていても慎重さが求められる。ミカンの樹は根を広く張る。バックホーで力任せに抜こうとすると、根の強さに負けて車体のお尻が上がってしまう。木の周囲を掘り崩してから根を抜くのがコツだ。

老木の抜根だけを考えれば、バケットも車体も大きいほうが使い勝手がいい。だが、あまり大きいと苗木の植え替え作業がやりづらくなる。両方の作業の兼ね合いで適度な大きさの機種を選んだ。

堆肥の材料は牛糞・鶏糞とモミガラ。一年ほど寝か

苗木を掘るのもバックホーでラクラク

老木の抜根もカンタン

排水をよくするためにユンボーで暗渠を掘り、その暗渠に集まった排水を貯めておくための貯水池。貯まった水は防除に使っている

せ、その間に一、二度バックホーで切り返す。堆肥の使い道は二通りある。苗木を植えるときに土に混ぜ込むのが一つ、成木のまわりにまくのが一つだ。

暗渠設置に大活躍

暗渠を設置したときもバックホーが活躍した。山を切り開いて農場にしたため、水はけの悪い粘土層がところどころに残っている。ミカンの樹が水分を吸い過ぎると甘みが失われてしまうので、排水をよくすることは味のよいミカンをつくるうえでとても重要だ。

数十cmから、深いところでは一五〇cmほど溝を掘り、バラス（砕石）を敷き詰め、暗渠パイプを敷設した。暗渠に集まった排水は、農場の麓にある貯水池までパイプで送り、貯まった水はSSで行なう防除に使っている。

斜面では、クローラを等高線の向きと直角にして作業

このように様々な場面で活躍しているバックホーだが、ミカン園ならではの作業上の注意点がある。斜面では、等高線の方向に対して車体（クローラ）の向きを直角にして作業するということだ。

傾斜が強いところで、車体を等高線に平行にして作業すると、バケットの力のかけ具合によっては、車体が傾いて横転する恐れがある。等高線の方向に対して車体を直角にしておくと、車体が安定して横転の危険性を回避できる。安全にはくれぐれも注意が必要ということだ。

（取材・萱原正嗣）

現代農業二〇一一年八月号

まえがき

軽トラと言えば農家の必需品。一家に二、三台あることだって珍しくありません。単なる運搬車両であるだけでなく、ときに堆肥散布機となったり、荷台を改造して移動式直売所になったり…。その使い勝手や走破性のよさから、今や軽トラは一般のアウトドア・レジャー利用でも大活躍しているほどです。

かたやバックホー。これも一台あれば田畑の整備はもちろん、農道のちょっとした工事、さらには、収穫作業など、さまざまなことをラクにこなすことができます。本書では、日々農家の手となり足となって大活躍している軽トラ、バックホーの使いこなし方、工夫の技を集めました。例えば、

軽トラでは、荷物の積み下ろし作業で、荷台に「波板」を敷いて滑りやすくしたり、荷物（袋）を荷台の内側に向かって傾くように積むことで崩れを防止する工夫、荷台に取り付ける小型クレーンなどのアイデア器具、また、「ぬかるみからの脱出法」や「次の軽トラ選び」に役立つとっておき情報、軽トラまわりで役立つ「ヒモとロープの結び方」など。

バックホー、本書で登場するのはおもに小型のタイプ（ミニショベルともいう）ですが、その基本の操作法から圃場整備の手順のほか、暗渠の設置や堆肥の切返しの実際、用途によって使い分けるアタッチメントなど。

どれも軽トラ、そしてバックホー使いの名人から教わったすぐにも役立つ貴重な情報ばかりです。それでは、くれぐれも「安全第一」で軽トラ＆バックホー生活をお楽しみください。

二〇一七年十月　一般社団法人　農山漁村文化協会

＊本書で紹介する軽トラやバックホーに関する情報は、各記事が執筆された時点のものです。最新の販売状況や装備等の詳細については、それぞれのメーカー・ホームページをご確認ください。

目次

軽トラ自由自在

どんな軽トラを選ぼうか?

荷物をラクに積む・ラクに下ろす

畑にも どんどん入る

必修！ ヒモ&ロープの結び方

自前でできる圃場整備

農作業をラクに

山林・耕作放棄地での活用

アタッチメントいろいろ

執筆者・取材先の情報（肩書、所属など）については『現代農業』および『季刊地域』掲載時のものです

軽トラ 自由自在

倉持正実撮影

どんな軽トラを選ぼうか？

楽しいぞ！次の軽トラ選び

長野県須坂市●遠山幸一

筆者のアクティ。こんな狭い道を通るには重宝する

次はどれを選ぶ？

　私はリンゴ農家です。就農したばかりの初めの頃は畑への移動は原付バイクで、収穫したリンゴを共選所へ運ぶには父親の軽トラックを使っていました。二～三年ほどして父親にホンダアクティを中古で買ってもらいました。一九九九年に軽トラックとバンの規格が新しくなる前の、アクティの歴史でいえば二代目にあたります。

　私のアクティのグレードは営農用の「アタック」で、大きな駆動力を発揮するウルトラロー・ウルトラローリバースの超低速ギアを持つ四速MTとリアデフロック（二四ページ参照）が標準装備なのが特徴です。超低速ギアは、いまだに仕事では使ったことはないのですが、悪路や雪道ではまってしまった車を救出したときに役に立ちました。

　私の住む長野県須高地域では、まちがいなくこの型式のアクティが一番台数が多いと思います。私自身、これが普通だと思っているのでとくに大きな不満もありませんが、中古で購入したものでもあるので近いうちに壊れるかもしれません。今のうちに新型のアクティや他の車種について興味を持って見てみることにしました。

新規格でホイールベースが変わった

　皆さんも知ってのとおり、九九年の新規格登場で軽トラックはボディの全長・幅ともにワイドになっています。

新規格になる前の軽トラは
どれもこんな形だった
（スズキ キャリイ）
ホイールベース

前輪が座席の下にあり、ホイールベース（前輪と後輪の間隔）が短い

これにより今まであまり考えられているとは思えなかった安全性が上がりました。

九九年デビューの三代目アクティのボディについていえば、全長三三九五㎜、全幅一四七五㎜で、私の乗っている二代目（全長三二五五㎜、全幅一三九五㎜）を上回っています。乗ってみると、短いながらもボンネットがあるので、遅いスピードなら正面衝突したとしてもこちらのほうがはるかに安全な気がします。ただ、そのせいで足元は窮屈だしフロントガラスが顔の近くまでかなり張り出してくるため、狭い印象を受けました。安全性向上のため乗り心地は若干犠牲になったようです。

ホイールベースも新規格になって拡大されました（一九〇〇㎜→二四二〇㎜）。そのため走行安定性は格段に向上したそうですが、逆に畑での移動においては小回りが利かず苦労する場面も多いようです。

そのあたりで苦情が多かったのか、現行の四代目・新型アクティのホイールベースは二代目と同じに戻され、ハンドル切れ角も増し、最小回転半径が三・六ｍ（4WDは三・七ｍ）になり、小回り性がアップしました。タイヤハウスも座席下に移動し足元に余裕ができて、キャビンの空間がかなり広くなっています。ボディの幅は三代目と同じです。

余談ですが、わが家の近くには、私のアクティのボディ幅（一三九五㎜）でようやく通れるものすごく細い道があります（前ページ写真）。これでは三代目・四代目のボディ幅になると通れません。二代目の安全性は確かに劣りますが、幅がスリムなため重宝しています（まあ、迂回してもいいのですが……）。

荷台の長さにも注意

軽トラックを選ぶ際のもう一つ重要なポイントは、荷物スペースの広さだと思います。

新規格になって、荷台スペースが犠牲になった車もあるようです。三代目アクティも例にもれず、短いボンネットがついたことで荷物スペースが若干短くなりました。スズキのキャリイも規格改正で荷台スペースが減り、キャビンも狭くなったためマイナーチェンジを行なったようです。とはいえ全幅は拡大しているので、面積としてはそ

筆者の軽トラと同じ型の旧規格アクティ（2代目）

新規格とともに登場した3代目アクティ。短いボンネットがあり、前輪が車体の前端に付いているためホイールベースが長い

う変わらないはず。たくさん積めるかどうかは工夫しだいでしょうか。

軽トラックを乗り換えるということは荷物の積み込み方も変わるということです。とはいえ、コンテナや段ボールなどの荷物の形によって積み込み方は制約を受けるので、まわりの人の積み方を参考にして自分にぴったりの軽トラックを選びたいものですね。

あと、ちょっと気になっているのが刈り払い機の運搬です。今の自分のアクティでは、荷台に刈り払い機を載せると、縦の余裕スペースがほとんどありません。今所有している、またはこれから購入を考えている軽トラックおよび刈り払い機それぞれの全長をチェックしておくことも、余計なトラブルを防ぐためには大切でしょう。

現代農業二〇一一年三月号

筆者。愛車のアクティ・トラックの前で。後ろはアクティ・バン

各車種の長所と短所を知って
軽トラ選び

山形県河北町●あだちひでき

インターネットサイト「軽トラック研究会」の管理人を務める私は、山形県村山地方で花卉、果樹、稲作を経営する四一歳。かつて月刊『現代農業』で「農用軽トラくらべてみたら」（一九九四年七月号〜九五年五月号）「農家のクルマって何だ」（二〇〇〇年三月号〜〇一年九月号）という連載をしていました。軽トラックについて私がまず言いたいのは、一見同じに見えてこれほど多彩な車はない、ということです。

使いやすくしてきた愛〝軽トラ〟

私の愛車は、アクティ・トラック「タウン」（一九九九年式）。軽トラックに他の自動車並みの安全基準を採用した新規格が登場してすぐの初期型で、中〜後期型に比べて運転席が広く荷台が多少狭い。シートや助手席側ミラーを後期型に交換したりして、地味ながらも自分に合わせて使いやすくしてきた。オークションで中古品を調達して、バモス（ホンダの軽ワンボックスカー）のバンパーに交換したり、オーディオにも凝ってみた。一二年目に突入し、ぼちぼちトラブルも出てきたが、修理しながらもうしばらく乗る予定。ロングホイールベース（前後のタイヤの間隔が長い）とフルタイム4WDにより、高速道路も安定して快調に走る点が気に入っている。

ふだんは、同じく初期型のアクティ・バンと父親の中期型アクティ・トラックとの三台態勢で仕事をしている。

前輪の位置が二タイプある

さて、軽トラックが多彩な車だという理由の一つに前輪の位置がある。前輪が運転席の真下にあるか車の前端にあるかで二タイプに分けられる。

運転席の真下にタイヤがあるタイプを「フルキャブ」と呼ぶ。利点は、前輪と後輪の間隔（ホイールベース）が短いために、狭いアゼ道の角を曲がったりUターンするのに有利。また大柄な人でも狭さを感じない。それに、重い荷物を積んだときに前輪と後輪にバランスよく荷重が分散される。トラックに多いのはこのためだ。

一方、車の前端にタイヤがあるタイプを「セミキャブ」と呼ぶ。利点は、衝突安全性と走行安定性が高いこと。いわば普通の自動車に近い。バンやワゴンがほとんどこのタイプになったのは、ここに理由がある。「自動車アセスメント」で衝突試験しているが、安全性においてどうしてもフルキャブは不利なのだ。

悪路走行性能にはタイヤが重要。どんなに優れた4WDシステムでも、おとなしいタイヤでは宝の持ち腐れ。本来は積雪路・凍結路用だが、スタッドレスタイヤは泥も引っかく

欠点は、前後タイヤの間隔が長いと曲がるときの内輪差が大きいので、幅がギリギリのアゼ道だと脱輪する心配があることだ。

また、足元が出っ張っているので足が大きい人には向かない。小柄な人向き。ちなみに身長一五〇cmの私の母は、フルキャブだとタイヤをまたいで乗るのが苦しく、セミキャブのほうが乗りやすいと言っている。

エンジンの位置が前寄りか後ろ寄りか

エンジンの位置も多彩だ。前寄りに縦積みされているのがキャリイ、ハイゼット、ミニキャブ。シンプルで整備性がよいという利点があるが、連続走行するとお尻の下が温かくなりやすい。車体中央にエンジンがぶら下がるので、デコボコ道でつかえやすいということもある。

一方、後ろ寄りに横積みされているのがアクティとサンバー。空荷でも跳ねにくく、悪路走破性もよくなる。これによってフルキャブの欠点をカバーしてきた。

4WDの方式も二タイプ

もう一つは4WDの方式。アクティとサンバーのAT（オートマチックトランスミッション）車は、自動的に

フルキャブ・セミキャブの長所と短所

フルキャブ

運転席の真下にタイヤがある

大柄な人でも
狭さを感じない

とくにハイゼットやキャリイは前が重く、
急ブレーキで後輪が浮いたり尻を振り
やすい

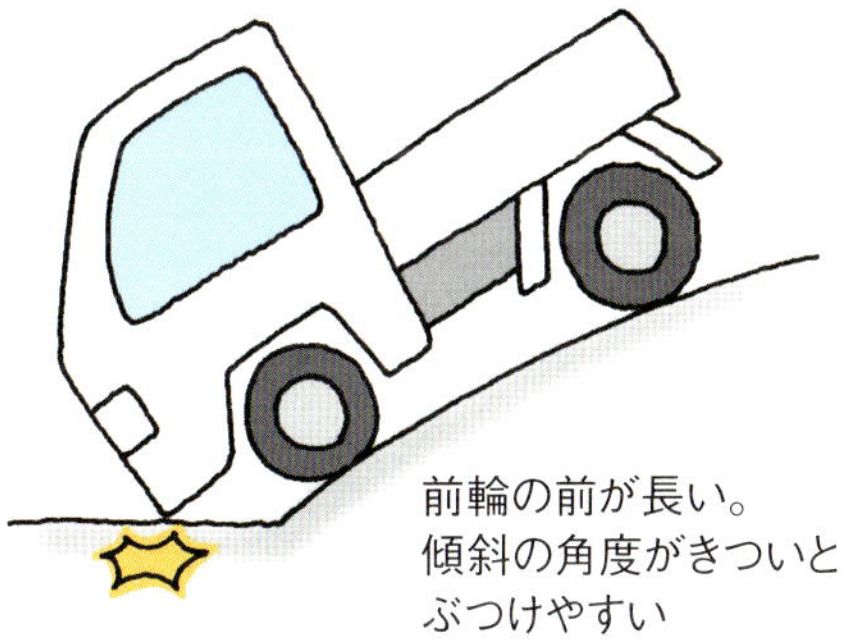

前輪の前が長い。
傾斜の角度がきついと
ぶつけやすい

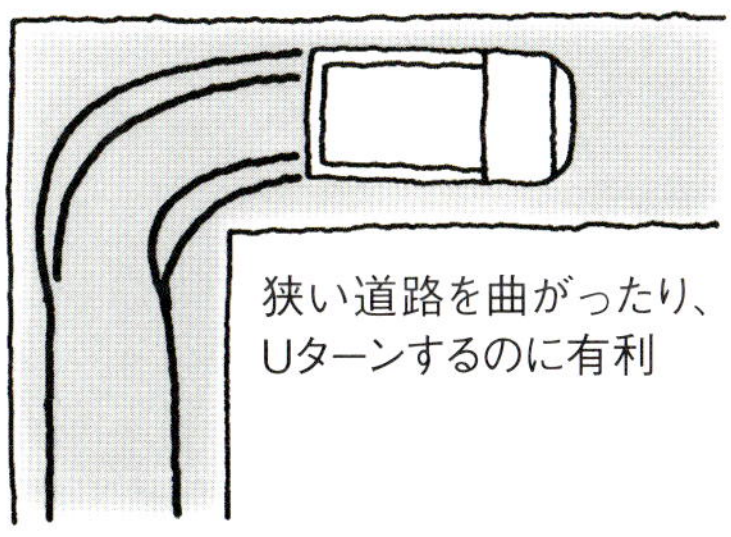

狭い道路を曲がったり、
Uターンするのに有利

セミキャブ

車の前端にタイヤがある

衝突安全性が高い
（クラッシャブルゾー
ンが大きい）

走行安定性が高い

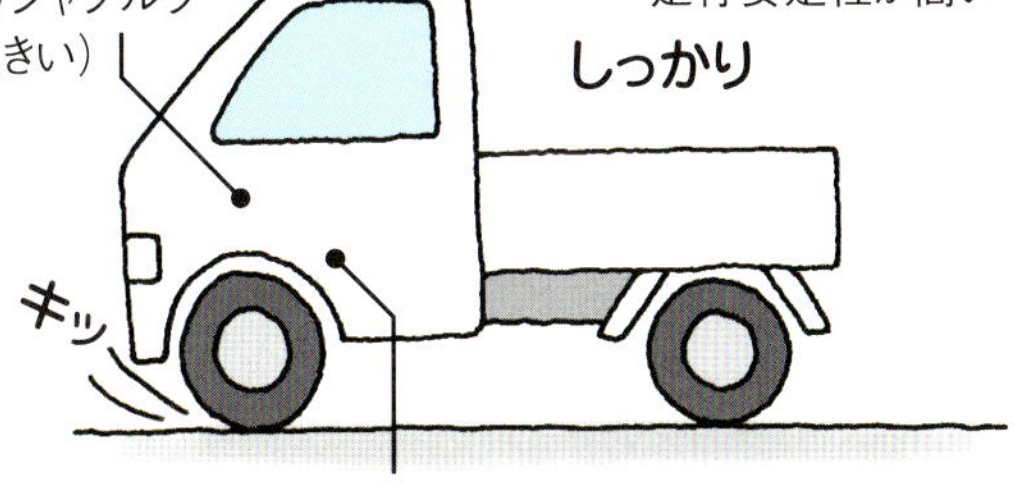

足元が出っ張っているので
足の大きい人には窮屈

腹をこすりやすい。
とくにエンジンが中央にぶら下がっている
キャリイ（スクラム）

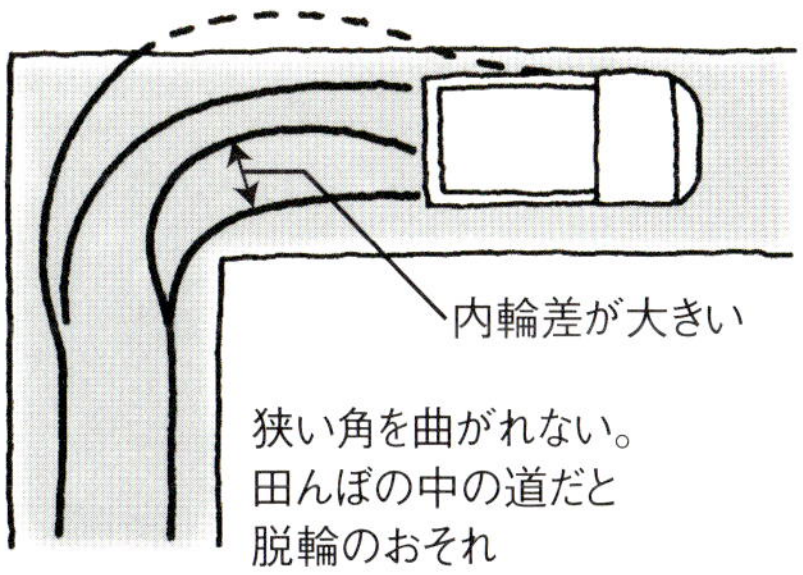

狭い角を曲がれない。
田んぼの中の道だと
脱輪のおそれ

＊2017年11月現在、ATに関しては、スズキのキャリィに「AGS」（オートギヤシフト）というマニュアルミッションを自動で制御するシステムが搭載され、MTと同様の力強い走破性になりました。

デフロックとは…

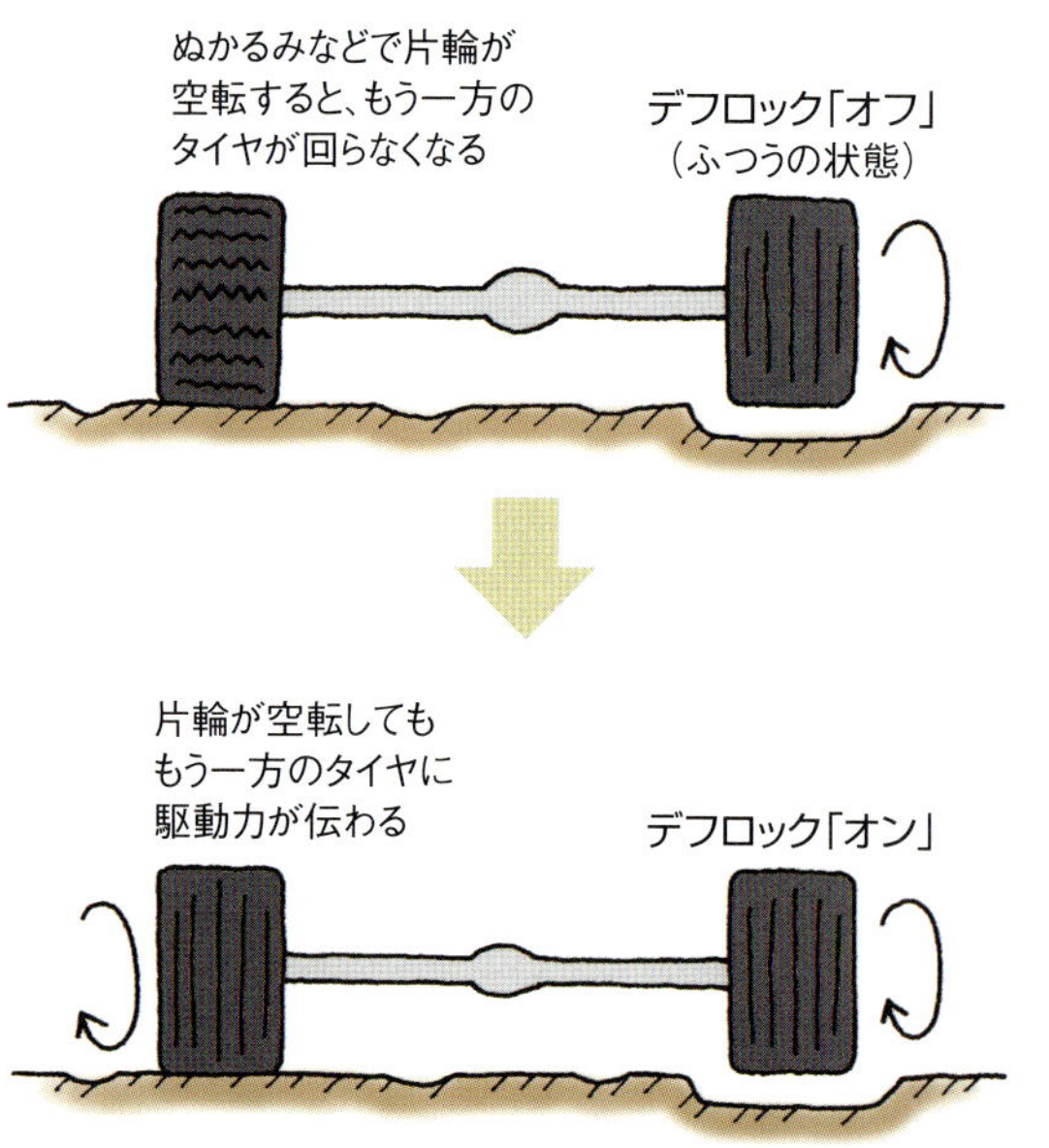
ぬかるみなどで片輪が
空転すると、もう一方の
タイヤが回らなくなる
デフロック「オフ」
（ふつうの状態）
片輪が空転しても
もう一方のタイヤに
駆動力が伝わる
デフロック「オン」

調整してくれる「フルタイム4WD」。機械音痴でもラクだが、ハンドルを目いっぱいに切ったときは少し抵抗がある。雪があったりなかったり、交互にやってくる山道ではありがたい。

その他の車は手動で切り替える「パートタイム4WD」。2WD状態でハンドルを目いっぱい切ったときは抵抗がないが、4WD状態だとフルタイム4WDよりさらに抵抗が大きく、エンストすることもある。だから舗装路では4WDに入れてはいけない。

パートタイム4WDのほうが燃費がよいと思われがちだが、実際には他の要素の影響が大きく大差はない。また悪路走破性に関しても、タイヤや重量バランスの要素のほうが大きい。

超低速ギアを装備

アクティ（アタック・農業用グレード）とサンバーは、それぞれ一速の下に「ウルトラロー（UL）」「エクストラロー（EL）」という超低速ギアがあり、ワンタッチで入れられる。また、キャリイ、ハイゼット、ミニキャブでは、トラクタと同じような「副変速機」付きが選べる。いずれもMT（マニアルトランスミッション）車のみ。AT車は自動的にやってくれる。

最近はエンジンがよくなったこともあり、あまり使わなくなったが、畑の中を収穫しながら低速で進むときなどは便利だ。

農業用グレードがある

軽トラックメーカーは各社とも農業用グレードを用意していることも特徴だ。悪路向きタイヤが付いてきたり、デフロックやLSDが付く。

デフロックとは、後輪の左右をスイッチ一つで直結する装置。アクティ、キャリイ、ハイゼットで選べる。前輪右と後輪左（またはその反対）が空転するのを「対角線スタック」と呼ぶが、デフロックすれば切り抜けられることが多い。しかしこれも、悪路用タイヤを履いていないと効果は半分だ。

LSDとはこれを自動にしたもので、ミニキャブに設定されている。

MT車がおすすめ

なお、AT車はすべてのメーカーで選べるが、アクティは4WDとATの組み合わせがない。また、軽トラックは三速ATしかなく、四速以上のATやCVT（無段変速）が普及した乗用車より完成度が低い。うるさかったり、燃費が悪かったりという欠点もあり、乗用車ほど普及していない。とくに理由がない限りはMT車がおすすめだ。（前ページのイラスト下の注参照）

車種ごとの特徴拝見
ここに満足、ここは不満

では、各車種ごとに特徴を整理してみましょう。

ホンダ　アクティ

二〇〇九年にフルモデルチェンジ。セミキャブからフルキャブに戻った。ターゲットを「農家」と「高齢者」に絞ったそうだ。外観は二世代前の旧規格車そっくりになった。

「安全性第一」だった先代アクティほどの個性はなく、運転席も鉄板むき出し部分が多くなった。先代から買い換えた知人は走行安定性も低くなったと言っている。

先代、とくに中～後期型は運転席が狭かったが、新型は確かに広くなっている。助手席が跳ね上がり、その下に小荷物が積めるのも利点。ただし、先代はここにコンテナが積めるほど広かったが、新型はタイヤが邪魔でだいぶ狭くなってしまった。

昨年十二月に一度目のマイナーチェンジがあり、ABS（アンチロックブレーキシステム）と銀色カラーが選べるようになった。

農業用グレードは「アタック」。デフロックと超低速ギアが付いてくるが、タイヤは舗装路向きのままなので、実力を引き出すには変えたいところだ。

その他の特徴は、

・エンジンが後ろにある。空荷でも跳ねにくく、フルキャブでも重量バランスがよい。

・鳥居が二種類ある。ガッチリタイプを選ぶと、鳥居までの実質的な荷台の長さが一九〇五㎜とやや短くなる。スリムタイプだと一九二〇㎜となるが、コンテナの形状によってはこの差で一列積めるか積めないかの差が出るという。

・すべてのグレードにパワステが標準装備。

・運転席エアバッグは標準で、助手席エアバッグはオプション。ABSは

ホンダ アクティ
モデルチェンジでフルキャブに戻った

「SDX」と「タウン」のグレードに装備できる。

・有料でキーレスエントリー（キーを差し込まずに遠隔操作でドアを施錠・解錠できる）と集中ドアロック、そしてパワーウインドーが追加できる。最近は田舎も物騒になり施錠が大事になってきた。私も集中ドアロックは欲しいと思っている。

スズキ　キャリイ、マツダ　スクラム

※スクラムはキャリイのOEM

新規格になった初期型は、運転席が狭くペダルが左に寄っていた。しかし二〇〇二年に早くも大幅設計変更し、かなり広くなった。セミキャブであっても大柄な人に対応できるようになった。

また二〇〇五年にはフルキャブの「FC」グレードも追加され、用途に応じて選べるようになった（スクラムはセミキャブのみ）。

二〇〇一年からタイミングチェーン式の新型エンジンに切り替わっている。タイミングベルト切れに泣いた人には朗報だろう。現行モデルはギア比も変わり、巡航時のエンジン回転数も抑えられて快適になっている。

副変速機は4WD／5MT全車に装備。デフロックは農業用グレードの「農繁仕様」だけに装備されている。

鳥居までの正味荷台長一九四〇㎜、荷台床の長さ二〇三〇㎜はクラストップ。しかし、その分のしわ寄せが座席の薄さにきているようだ。

また、荷台が完全に分離できる構造なので、堆肥などを積んで錆びやすい人は交換もできる。

スズキ キャリイ
これはセミキャブタイプ

欠点は車体中央にエンジンがぶら下がっていること。とくにセミキャブだと障害物を乗り越えるときに腹をこすりやすい。フルキャブは前が重く、重量バランスが悪い。

細かいつくりを見ていくと、コストダウンが行き届いているきらいはあるが、昔ほどあからさまな装備の省略はなく、間欠ワイパーや助手席サンバイザーなど必要なものは一通り揃っている。ただし、エアバッグはエアコン・パワステ・ABSなどとともにフルセットオプションである。これを装備し

ないと、シートベルトの制御装置までグレードダウンするのはどうかと思う。

ダイハツ　ハイゼット

一九九四年に登場した旧規格車の幅を広げたのが新規格モデル。基本設計は古いが、二〇〇四年に顔と内装を一新し、二〇〇七年末にはタイミングチェーン式の新型エンジンを搭載した。

ダイハツ ハイゼット
悪路走破に適した直径の大きなタイヤを選べる

エンジンはピカイチだ。キャリイFCと並んでトラックらしいオーソドックスな構成。前が重くて重量バランスが悪いのが欠点。

二〇〇四年の変更で鳥居まで正味一九四〇㎜を確保した。キャリイ同様、運転席の後ろにえぐりがあり、荷台床長は二〇二〇㎜となっている。

注目すべきは145R13という、直径の大きなタイヤが選べることだ。オーダー時に五二五〇円追加でよい。これは以前、研究会ホームページの「メーカーにお願い」という企画で要望したことが採用されたもの。轍によって腹がつかえやすい農家にとって何よりありがたい。ただし、なぜかおとなしい舗装路用タイヤ。悪路走破のために装備するのだから悪路用タイヤを付けてほしいものである。

なお、タイヤの買い換えやスタッドレスタイヤの購入には要注意。145R12セール品の倍の値段は覚悟しておいたほうがよい。

農業用グレードは、副変速機を備えた「農用スペシャル」と、さらにデフロックと豪華装備を備えた「エクストラ」がある。「スペシャル」「パワステエアコンスペシャル」のグレードは副変速機が省略されているがデフロックは装着可能だ。

安全装備はすべてオプションだが、運転席エアバッグだけ装備（同時にシートベルトもグレードアップ）もできる。

三菱　ミニキャブ、日産　クリッパー

※クリッパーはミニキャブのOEM

セミキャブタイプながら、後輪が若干前寄りに付いていてホイールベースが短めなのが特徴。セミキャブの中では内輪差が小さめになる。アゼの乗り越えにも若干有利。しかし、そのぶん荷物の重さが後輪に集中しやすいという欠点がある。

他社のデフロックと比べて、ミニキャブは自動的に作動する「LSD」が付けられる。

最近ダッシュボードのデザインがマイナーチェンジし、洗練された。限定色の黒ボディが登場し話題になったが、現在は生産終了して銀色に変わっている。

農業用グレードは「みのり」で、強

三菱 ミニキャブ
セミキャブながらホイールベースが短め

化サスペンションとオフロードタイヤが付いている。LSDはオプションになる。他グレードにも「マイティパック」として選択可能なのは親切だ。なお、ベーシックグレードの「Vタイプ」は副変速機が省略されている。

ヘッドライトを消し忘れても、自動的に消えるのが目新しい。

安全装備はすべてオプション。運転席エアバッグだけ、助手席エアバッグとセット、そしてABSが選べる。

スバル　サンバー

四気筒リヤエンジン、四輪独立サスペンション、そしてスーパーチャージャー仕様もある超個性派。その個性を支持するマニアが多かったが、残念ながら生産終了。その先はハイゼットのOEMになる。すでにワゴンタイプは切り替わっている。生産終了のアナウンスが出てから、最終型を求めているマニアも多い。

おもしろいのはハイルーフ仕様で、左側のミラーだけ前に付いている。これは視線移動も少ないし左前角の位置を把握するのにも役立つ。赤帽仕様を市販品にも反映したものだ。

「TC」グレードにはパワーウインドー、集中ドアロック、キーレスエントリーが付いている。「TB」にも後付け可能だ。

農業仕様は「TBプロフェッショナル」で、JAサンバー（4WD・5MT+EL、4WD・3AT）を一般市販化したもの。といってもオフロードタイヤや歩み板対応アオリが付いた程度で、現行のサンバーではデフロックはない。

現代農業二〇一一年三月号

スバル サンバー
マニアの多い個性派軽トラ。残念ながら生産終了

*各メーカーのグレードごとの装備詳細や価格は、それぞれのホームページで確認できます（編集部）

これだけはチェック！　中古軽トラ選び

山口県田布施町●木村節郎さん（談）

この三つが交換済みなら もう六万kmはいける

いま軽トラの需要ってものすごく高くて、中古でも結構いい値段するんよ。前は四駆の一〇年ものでも二万～三万kmしか乗ってないのが一〇万円台であったけど、いまは一五年ものでも二〇万～三〇万円とか。ほら、定年退職組が、畑仕事とか魚釣りとか始めて軽トラ使うようになってきてるから。だから五万円とか七万円とかで売ってるようなやつは、まともに走らんと思っとかないとダメ。いくら安くても、ポイントをチェックしてなかったら買った途端に修理でもう一〇万円くらいすぐかかるよ。

まず走行距離を見て、**六万kmくらい走ってたらクラッチ交換してるかを聞く**。これくらいで換えてないと、すぐへタってくるんよ。

一〇万kmいってたら、タイミングベルト換えてるかは絶対聞く。換えてないと、いつ切れてもおかしくない。切れたら一発でエンジン壊れるよ。

あと**ウォーターポンプも、一〇万kmくらい乗ったら換えるもの。**換えてないと冷却水の回りが悪くなってエンジン傷むから、これも聞いておいたほうがいい。

最低この三つをチェックしておけば、もう六万kmくらいはゆうゆういけるよ。

本気で長く乗るなら 新古車もネライめ

あと、できればチェックしておきたいのは、どんなとこで使ってたか。**海岸近くとか寒冷地で使ってたのは、塩や凍結防止剤で結構サビが進んでるか**ら。元の車検証の持ち主の住所とか聞いてみたりするとわかるよ。

タイヤも、ある程度溝がちゃんとしてるのついてるか見ておいたほうがええね。全部交換するとなると、それなりにお金かかるから。

あと本気で長く乗るつもりなら、登録済みの未使用車（いわゆる新古車）を買うのも、案外いいかもしれない。いろんなメーカー扱ってる大きい車屋さんとかがネライめ。ああいうところって、新車がモデルチェンジする直前とか、メーカーから決められた目標販売台数をクリアして報奨金もらうために新車をガバーッと自社名義で登録してるもんなんよ。そういうのなら車検までの期間は多少短くなるけど、その分向こうも「安く売りますよ」って言ってくる。六〇万～七〇万円でもあるんやないかな。

とにかく安いものってのはどっかいわく付きで安いわけだから、自分の使う目的を考えて、それに合うのを探すのがええんやないかな。

現代農業二〇一一年三月号

木村節郎さん。狭い農道に合わせるため、旧規格の中古の軽トラを安く買い継いで使っている（田中康弘撮影）

軽ダンプ

ダンプの力と荷台の高さで選んだ

千葉県柏市●杉野光明

せん定枝も切り株も ボタンひとつで排出できる

軽商用車はいまや農家の必需品。わが家はナシと米に加えて直売所向けの加工品や切り花、野菜で生計を立てている専業農家ですが、写真のような三種三台の軽商用車を利用しています。

右の車が、最近購入した軽ダンプ。わが家では二代目になります。主にナシ栽培の現場で使ってきました。束ねていないせん定枝や切り株を手作業で荷台から下ろすのは面倒です。その点、ダンプならボタンひとつで素早く排出というわけです。軽ダンプ導入前、せん定枝は積み下ろしがラクなように束ねていました。今後、チッパーを導入したら、せん定枝のチップを直接荷台に積みこんで移動ということも可能でしょう。

わが家のまわりで農家がはじめて軽ダンプを使い始めたのは米農家だったと思います。モミやモミガラ、堆肥を運んだりと、軽ダンプは二tダンプと組み合わせて、小回りや四輪駆動の機動性を生かした使われ方がされていました。それを見た野菜農家が、出荷調製後の野菜クズを捨てにいくときに便利と軽ダンプを導入しはじめました。

わが家では、一代目が一四年物となってさすがにあちこち故障してきて、整備工場から「そろそろ」という最終宣告。ならば新車に替えるか、本当にダンプが必要かと再検討したのですが、一度ラクをすると元には戻れません。あると便利。やはり軽ダンプにしようとダイハツとスバルを比較しました。

わが家の軽商用車3台。右端が軽ダンプ
(スバル サンバー ダンプ)

一代目のダンプは非力だった

軽ダンプは軽トラックメーカー各社が販売しています。二社の軽ダンプのカタログを見ると、本格派、お手軽派、その中間といった三種構成は同じ。わが家の一代目はダイハツのお手軽派でしたが、決め手は荷台の床面地上高でした。荷台を押し上げる油圧シリンダーを床下に収めるために、軽ダンプの荷台の床面はどうしてもふつうの軽トラックよりも高くなります。でも、ふだん使うには低いほうが作業性はいい。そこで、当時の各社製品のなかで一番低い荷台のある車種を選びました。

ところが実際に使ってみるとダンプ性能が不満。ちょっと重い荷物を積むと持ち上がらないという非力さが課題でした。

軽ダンプを選ぶポイント

軽ダンプの三ランクは、荷台を持ち

リンクアーム式のホイスト（上）と直押式のホイスト（下）。上は大型ダンプと同じ構造

上げるホイストの方式とキャビンを守るガードフレームの形状、荷台板厚などで特徴づけられます。ホイストの方式は、本格派がリンクアーム式といって大型ダンプと同じ構造。お手軽派は直押式といって一本の油圧シリンダー構造です。ガードフレームも、本格派はプロテクターランバーステーと呼ばれるがっちりしたもの。お手軽派はふつうのトラックと外観の区別がつきにくい鳥居型。荷台板厚は、本格派が二・三㎜。お手軽派は一・六㎜。わが家の一代目の荷台は切り株などを落としたときに凹んだりしていました。

　荷台を持ち上げる油圧ポンプを駆動する方式が、スバルはバッテリーでモーターを回す方式ですが、ダイハツはPTO装置で回す方式も選択できます。PTOならエンジンの力でパワフル。バッテリーなら静かでスイッチひとつで操作が簡単。さあ、どちらを選ぶか？

　一代目の経験から、わが家の新車の条件はホイストがリンクアーム式でした。外観はスマートなほうがよい。荷台板厚は厚いほうの二・三㎜。……となると、本格派とお手軽派の両方の良いとこどりの中間モデルです。あとは荷台床面地上高ですが、結局、スバル製の軽ダンプ中間モデルを選びました。

　ダイハツの中間モデルの荷台が八〇〇㎜なのに対してスバルは七一五㎜と低かったからです（ふつうの軽トラックの荷台床面の高さはダイハツ六五五㎜、スバル六六五㎜）。

　四気筒よりも三気筒エンジンのほうが力強いだろう、四輪独立サスペンションよりも板バネのほうが丈夫じゃないの？　デフロックがついてなくちゃ……とダイハツを支持する意見もいろいろありましょう。が、ダンプを使う環境、頻度と普段乗りの操縦性、乗り心地を比較した結果です。

荷台は狭いけど、それ以上の魅力がある

　軽ダンプは荷台が狭くて使いにくいという指摘もありましょう。わが家でも、ナシの収穫に使う二〇kgコンテナがふつうの軽トラックなら平積みで一三コンテナ積めるところ、軽ダンプでは一一コンテナです。しかし、こういう使い勝手の悪さや価格差を補う楽しさが軽ダンプにはあるように思います。

　それぞれの作業現場に合った機能・構造を選択できるメニューもそろっています。基本的には、軽トラックのベース車両にダンプ機能を載せたものです。だから、たとえばスバルなら、スーパーチャージャー付きエンジンにダンプを組み合わせることもできます。既製品ではなくオーダーメード感覚の楽しさがあります。

現代農業二〇一一年三月号

軽トラを便利に使うためのアイデア集

山口県田布施町●木村節郎さん

軽トラは、農のスーパーカー。

軽い・小さい・低い、小回りがきいていろんなところへ入れるし、積み込みもしやすい。

さらにこんな工夫すると、もっとすっごくラクに使えるってアイデアもいっぱいあるよ。ちょっとしたことだから、みんなぜひやってみて

自作の荷物押さえを持つ木村節郎さん。無農薬無肥料で稲作5町歩。米は全量直売（写真はすべて田中康弘撮影）

荷物押さえ

米袋を積むときなんかに絶対便利。農機具の梱包に使われてたりするような木の板２枚を、使わなくなった昇降機のベルトの切れ端でつないだもの。積み上げた米袋の肩のところに当てれば、グッと体重をかけてロープを締めても米袋を傷めず全体をしっかり固定できる

フレコン押さえ枠

モミをいっぱいに入れたフレコンを積むときは、坂道で後ろに崩れたりしたらエライこと。そうならないように固定するのがこの枠。鳥居の上の角（アングルを溶接）に引っかけて…

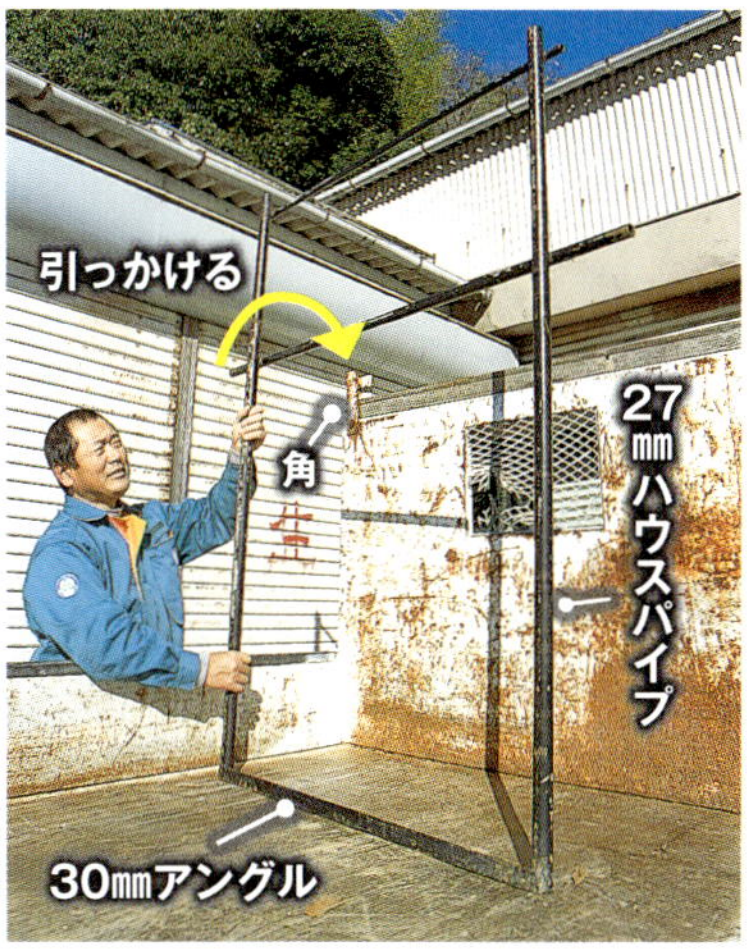

フレコンのヒモを引っかける。これだけでフレコンが後ろにズレる心配はないよ

ベニヤのアオリ板

刈り草を運ぶときなんか、これを立てて踏みこんでいけば相当積めるよ。コンパネでもええんやけど、軽いベニヤのほうが載せるのがラク。縁だけ板で補強すれば強度も問題ないよ

電気のコード

ガッチリ縛るほどじゃないけど、ちょっとモノを結わえつけたいときにあると便利。家の配線なんかに使う太いヤツで、手でグリグリねじるだけで、こんなふうにアオリ板を鳥居にくっつけることもできる

苗箱のせ棚

田植えで苗を運ぶときは、自作の棚を使う。これで一気に72枚のポット苗を傷めずに運べる。ハウスパイプとアングル、使わなくなった苗箱の底を組み合わせてつくったもので、1人で積み下ろしできるくらい軽いのもいい

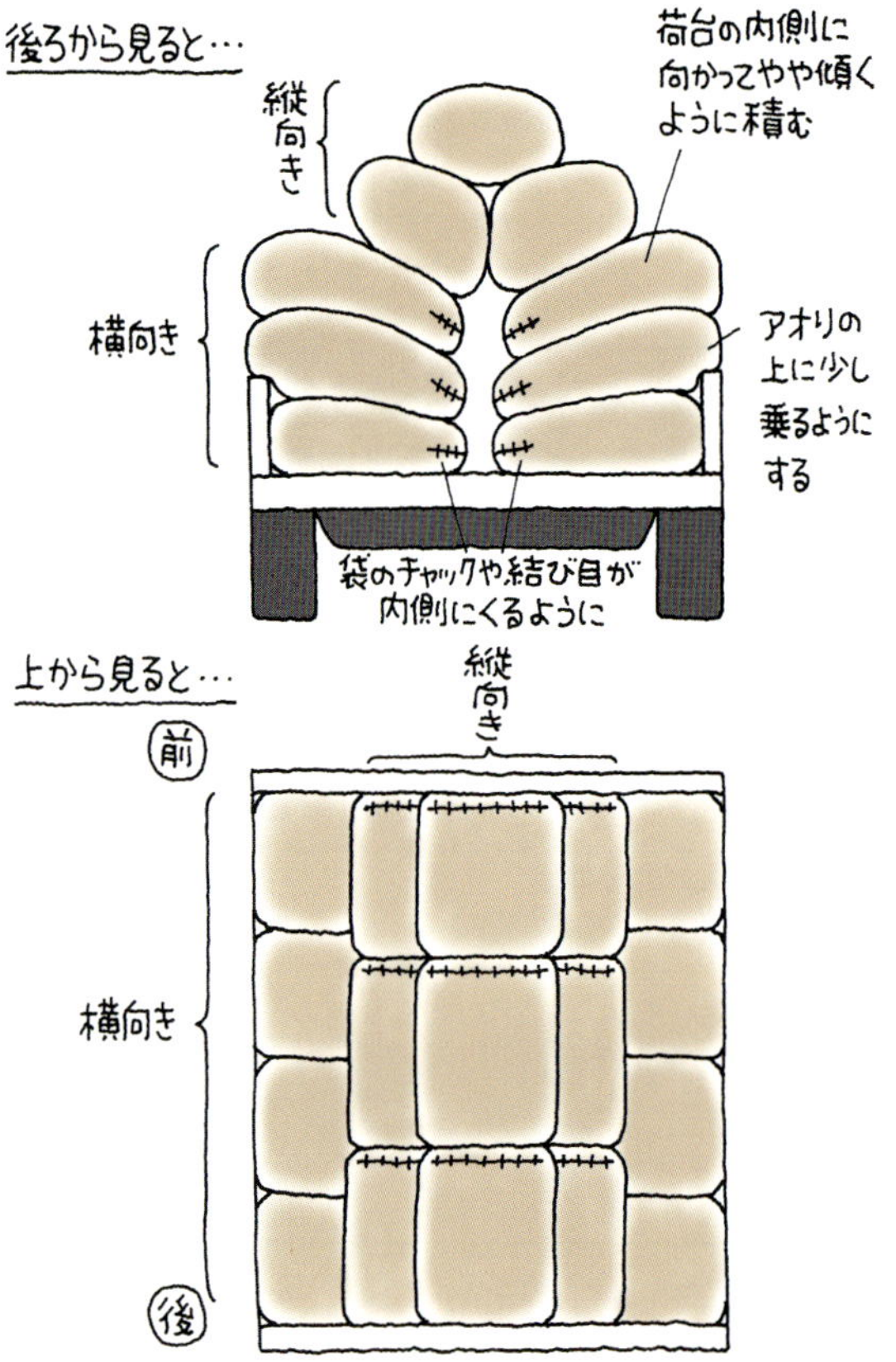
後ろから見ると…
縦向き
荷台の内側に向かってやや傾くように積む
横向き
アオリの上に少し乗るようにする
袋のチャックや結び目が内側にくるように
上から見ると…
縦向き
前
横向き
後

60㎝の踏み台

荷台の高さは60㎝くらいなので、アオリをこの踏み台の上に倒すとちょうど荷台が広がったような状態になる。乾燥機のホッパーにモミを落とすときとか、このスペースにモミ袋を置いて作業するとすごくやりやすい

フックの増設

荷物にロープかけるとき、「ここにかけたい」ってとこに案外フックがないことが多いんよ。だから自分で付け足す。アオリのフックの位置とズレるようにして、荷台の下に鉄の棒を溶接。フックはいっぱいあったほうが便利やよ

○の位置にフック

鳥居のところにはCの字型に曲げた鉄の棒を溶接。Cの字の上の部分は、ハシゴなんかを鳥居に立てかけた状態で固定したいときに便利

ダンプは載せ替えて使い回す

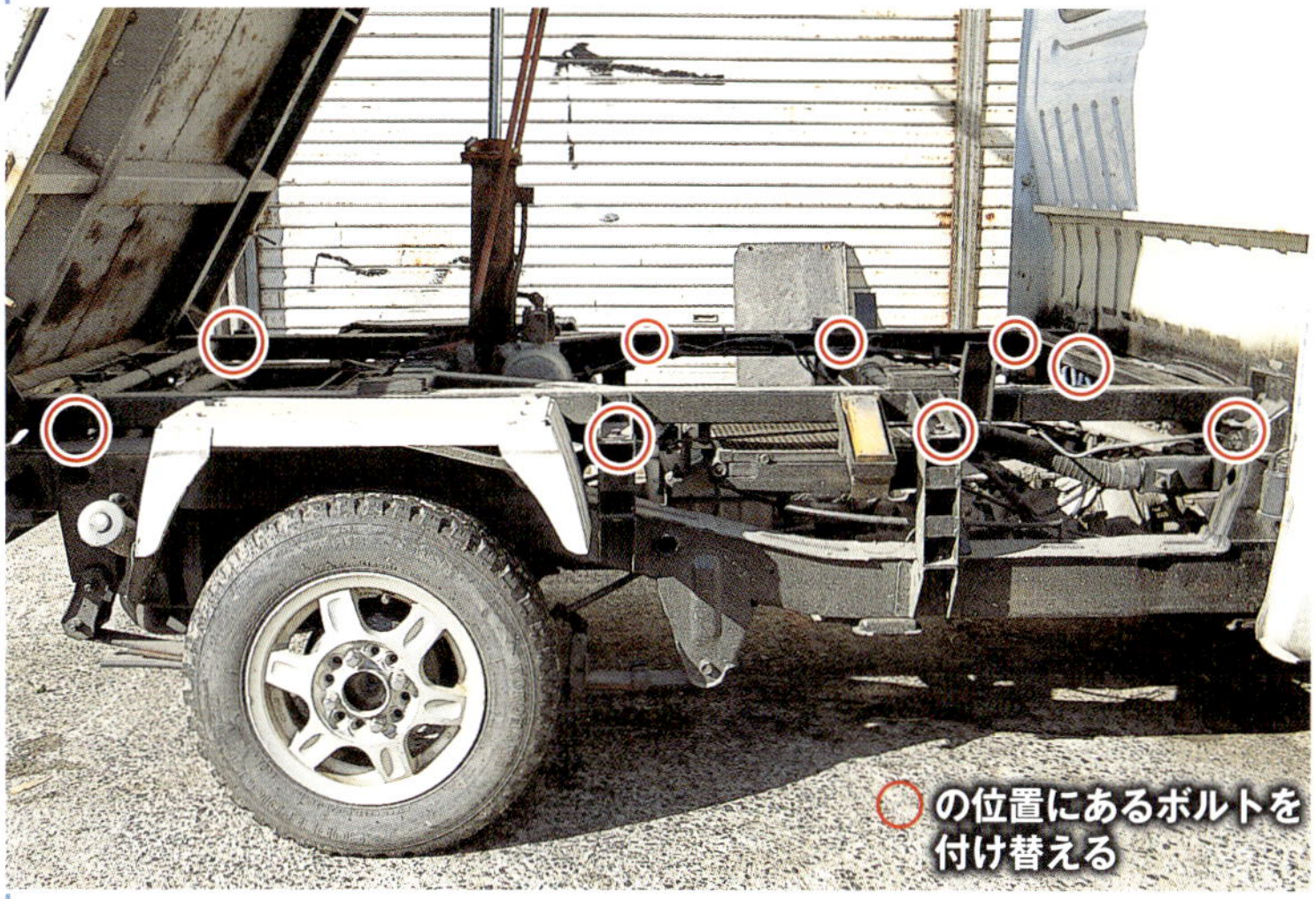
の位置にあるボルトを付け替える

軽トラダンプは狭い農道を通って刈り草や土の積み下ろしするときなんかに欠かせないけど、中古は少なくて値段も高い。でもスズキ・ダイハツ・三菱の軽トラは、車体と荷台が分かれてるから、普通の軽トラにダンプの荷台を載せ替えて使える。ボルト９本付け替えるだけだから、誰でもできるよ

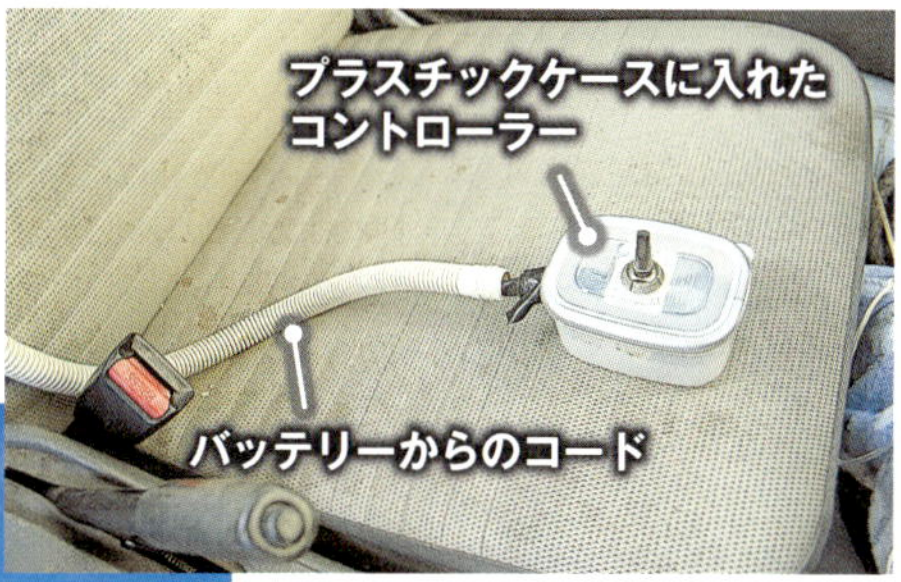
プラスチックケースに入れたコントローラー
バッテリーからのコード

ダンプは電動式なので、バッテリーとコントローラーをつなげたコードを引っ張ってきて運転席に置いておけばいい。コントローラーはプラスチックケースにでも入れておき、あえてどこかに固定しないほうがいい

コントローラーを外に持ち出せるので、後ろを確認しながら荷物を下ろすこともできる

絶対崩れない袋の積み方

袋取り式コンバインのモミ袋なんかを積むときは、この積み方ならたとえロープをかけなくてもまず崩れない。大きな声じゃ言えないけど、1tくらい積んでも大丈夫

タンクにロープを回して
ここに引っかけて
下に引っぱれる

Cの字の下の部分は、たとえばこんなタンクを荷台の前に固定したいとき、タンクに回したロープをここにかければ、グッと真下に体重を乗せてしっかり締められる

重い動噴は荷台と同じ高さの台に置いておく

茨城県●福島みよ子

軽トラの荷台と同じくらいの高さの台にいつも動噴を載せておきます。これなら、重い動噴を一人で思うように積んだり下ろしたりできます。

動噴には、底に二つ車輪がついているので、一方を持ち上げればラクに動きます。車輪は、買ったときに機械屋さんにお願いしました。機械屋さんもどこにつけようかなと迷っていたようです。四つつけるとラクだけど、作業中に動いてしまうかもしれないので、二つになりました。

それから軽トラの荷台にはゴムシートを敷いていますが、波になって使い勝手が悪いので、ゴムシートの上にアルミの板を敷いています。おかげで作業がスムーズにいくようになりました。

また、不用なベビーベッドを荷台に載せて、ホロをかけるときの枠に利用したり、物入れに利用しています。

動噴を載せた台の横に軽トラをつける。自分も台に乗り、動噴を荷台に積み込む。普段は動噴に雨が当たらないようにシートが被せてある

波板で荷物の積み下ろしラクラク

群馬県●齊藤尚展さん

軽トラックではないが、齊藤尚展《ひさのぶ》さんが軽ワゴンの荷物スペースを使いやすくするのに利用しているのはポリカーボネートの波板（一八〇cm×六五cm）。収穫したナスのコンテナは一個二五～三〇kgにもなるが、これを敷くと重いコンテナでもよく滑る。ロウソクのろうを塗るとなおさらだ。シャッター開閉用のフック棒を使うと、奥のコンテナもラクに引き寄せられる。縦に二枚並べると荷物スペースの床面にピッタリ収まるのもいい。

ちなみに、とてもよく滑るので、走行中は荷物をロープで固定しておく。

荷台下にエンジンがあるサンバーにはスノコが必須

宮城県●伊藤　稔

わが愛車のサンバーは荷台の下にエンジンがあるので、荷台に積んだトマトがエンジンの熱で温まり、品質が低下する恐れがある。そこで、出荷運搬の際には必ず自分でつくった軽トラ用のスノコを使うようになった。

スノコの材料はホームセンターで買った1×4材、材料費は二〇〇〇円くらい。市販の断熱材と違い、横滑りもいいので積み下ろしもラク。

ポリカーボネートの波板を敷いた軽ワゴンの荷物スペース

車体のサビも防いでくれる
堆肥運搬シート

山梨県●浜口真理

荷台にすっぽりはまる箱形のシートは設置が簡単

シートの設置をラクにするには…

二〇〇八年に脱サラし、東京から山梨に夫婦で移住して農業を始めました。初めて買った大型機械が中古とはいえ軽トラです。買った当初、車の担当者から「堆肥はサビを早めるので直接積まないほうがいいですよ」と言われたのが印象に残っていました。

近くに、軽トラで堆肥を買いに行ける「有機センター」という場所があります。二年ほどは荷台の縁にコンパネを立て、その上にブルーシートを広げて積んでいました。しかし堆肥をまく春はとくに北西の風が強く、ブルーシートを広げて敷くのも一苦労。それにブルーシートはサイズ違いのものをいくつか持っているので、その都度、どれを使うのが適当かわからなくなったりします。

堆肥を取りに行くときは、妻の私は必ず呼ばれて敷くのを手伝っていました。そのたびに「シートが箱形になっていれば、固定箇所がわかりやすくていいのに」と思ったのが、この堆肥運搬シートを作ったきっかけです。

半透明カバー付きでいっそう便利

このシートの利点や工夫したところは次のとおり。

・安くて簡単。ブルーシートを加工する際に四隅は余るが、ロスが少なくなるように工夫した。
・走行中、堆肥が飛ばないように半透明シートでカバーを付けた。
・半透明部分は、ショベルカーで堆肥を荷台に入れてもらうときにはフロントガラスのカバーになる（堆肥がフロントガラスに降ってきてもワイパーに積もることがない）。

浜口さんの堆肥運搬シートの展開図

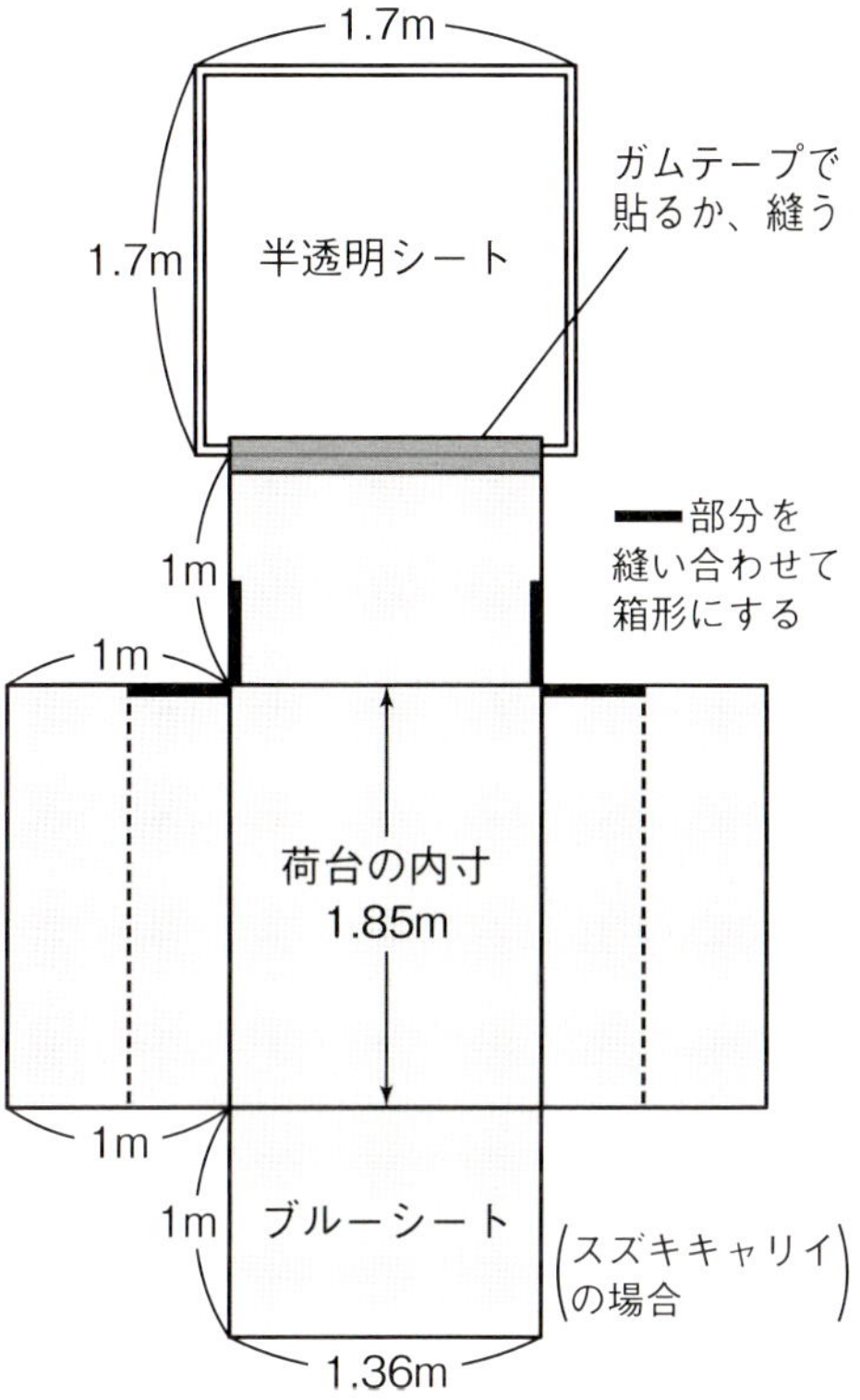

堆肥を荷台に入れてもらうときは、半透明シートがフロントガラスのカバーになる

走行するときは半透明シートで堆肥を覆う

半透明にしたのは、堆肥を積み終えて軽トラを前方に移動させる際、少しでも前が見えて安全に動かせるようにするため（実際は半透明でも気配程度しかわかりませんが）。

・後方の部分は縫わないようにした。堆肥を下ろす際は、軽トラの後ろのコンパネをはずし、後ろのアオリを下ろして堆肥をシャベルでかき出すが、そのときに堆肥を落としやすい。

実際に使ってみると、シートが軽トラの荷台の形状に合わせた形になっているので一人でも簡単に設置できます。堆肥を下ろした後の荷台の掃除がラクなのはもちろんです。また、箱形とはいえシンプルな形状なので、たたんで仕舞うのも簡単。たたんであっても、半透明シートがついているので他のブルーシートと区別がつきやすいのもいいところです。

現代農業二〇一一年三月号

直売農家は 畑に軽トラ用通路 を作るべき

神奈川県三浦市●高梨雅人

狭い三浦の畑には ダイハツ製がピッタリだった

滋賀県で里山風景や昆虫など生き物を撮る写真家の今森光彦さんは「日本の里山風景になぜか白い軽トラックは違和感がない」と、以前カメラ雑誌に書いていました。軽トラックは、それだけ日本の隅々にまで普及している便利な道具です。私の住む神奈川県三浦市でも、同業の露地野菜農家では一家に一台どころか一人で二台所有する家（一軒で四〜五台所有）も珍しくありません。

かくいう私の軽トラックデビューは遅く、免許取りたての頃はあまりにも運転がへたくそでした。見かねた親戚から譲り受けたのが廃車にしようとしていた軽トラック。これに数カ月乗って以来、四三歳になるまで二四年近くはご縁がありませんでした（仕事に

筆者

三浦の畑に合っているといわれる筆者の軽トラ、 ダイハツ ハイゼット

100m×20mの畑の端に1.7m幅で設けた軽トラ通路。多品目の野菜を作る畑の管理作業や収穫に便利

使うのは二tや一・五tトラックでした）。本格的デビューは、五年前に腰のヘルニアの手術を行なってからです。当時は、窓口で医療費を支払ってから、自己負担限度額を越えた分が高額療養費として戻ってきました。このとき手術代のあまりの高さにびっくり、戻ってきた金額は四輪駆動の軽トラックが購入できるほどでした。内心にんまりして、さっそく同業の仲間から軽トラライフの手ほどきを受けました。

　その結果、狭い三浦の畑では、ホイールベース（前輪と後輪の間隔）の短い小回りのきくボディであること、四輪駆動はもちろん、高低二段の副変速があるもの、畑に入るのでタイヤは標準より径の大きいもの（145R13）、パワーステアリング、というのが必要な条件となり、自ずとメーカーも決まってきました。

　結局、ダイハツ製の軽トラックを注文して、晴れて軽トラオーナーとなりました。最初はうれしくて、何度か遠出をしたりしましたが、いままで乗っていた二tや一・五tトラックに比べ、車の出来としてはいまいちに思いました。が、別に箱根のカーブを攻めるような走り屋でもないので、畑用と割り切って、慣れることにしました。

軽トラは道路を速く走れる運搬車

　いままでのように力まかせで作業していては、また腰を痛めることになりかねません。そこで軽トラを道路を早く走れる運搬車として使いこなすことが必要だと思うようになりました。

　まず始めたのは、堆肥散布のために軽トラで畑に乗り入れることです。当地では、軽トラに搭載するマニュアスプレッダーを使う農家もありますが、たいていは軽トラの荷台に堆肥をバラで積載してスコップで散布する方法です。私もこの堆肥散布に気をよくして、重い動噴と薬液タンクを荷台に積んでの防除や収穫作業も畑の中を軽トラで移動しながらするようになりました。

　乗り始めると、軽トラの四輪駆動はトラクタほど万能とはいえず、上手に乗りこなすにはそれなりに慣れが必要なこともわかってきました。

　たとえば、軟らかい畑の中から出て

くるようなとき。四駆にしてもタイヤが滑ってしまえば動けません。こういうときは、主変速を一速にするのに加えて副変速を「ロー」にして四駆で走り始めます。すると半クラッチにしなくても走り始めることができるので、ギヤの負担も少なくてすむようです。

　副変速は、畑に入る坂をバックで上るときにも使います。ゆっくり走り出すことができるのでスリップしづらいし、荷台をガタガタさせずにすむので積んでいる野菜を傷めたりする心配がありません。

畑（通路）にはバックで坂を上って入る。副変速をローにすることで急坂をスムーズに上れる。ハイゼットはホイールベースが短く、購入時にふつうより径の大きなタイヤを選べることも特徴

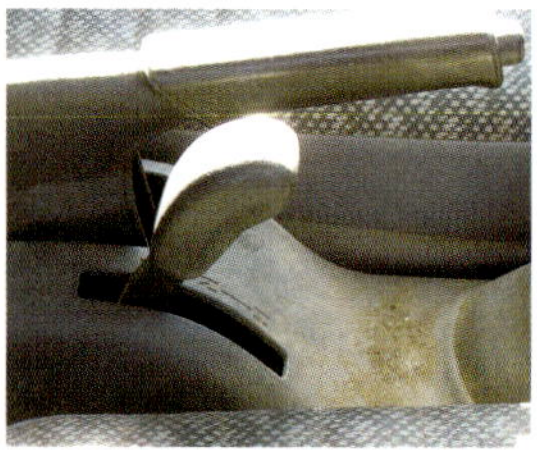
副変速レバー。通常走行のときは「ハイ」に。「ロー」にすると強いトルクが出る

ボタンひとつで四駆（4WD）と二駆を切り替えられる

畑に軽トラ通路

　わが家は直売専業の露地野菜農家で、現在一・七haの畑でこまごまと多品目の野菜を栽培しています。一度に作付ける面積も収穫量も共販農家に比べると小ロットになるので、一枚の畑にすべて同じものを作付けることが少なくなりました。

　しかも、畑の周囲が農道に囲まれた好条件の畑は少ないため、土地改良区内の区画整理した畑（二〇m×一〇〇mなど）は、思い切って長辺方向の端に軽トラック用の通路を作ることにしました。この通路を移動しながら、防除などの管理作業や収穫作業をするため、だいぶラクになりました。

　三浦市は、市街化が進む中で総面積の三分の一強が畑という特異な産地です。そのため狭い農地を有効利用する意識の高い土地柄です。それが耕地利用率が一五〇～二五〇%と高い理由ですが、自分の所有する畑に目一杯に作付けるため、駐車場を作らず路上駐車するという、あまり自慢できないこともしばしばあります。

　軽トラ用通路を畑に作ることには冷ややかな視線もありますが、取り入れてみると、収穫をこまごまやる直売農家にはたいへん重宝するスペースとなります。最近は、この通路を作る農家がわずかですが増えてきました。

現代農業二〇一一年三月号

ハクサイ畑を2つに割った軽トラ乗り入れ道

軽トラ乗り入れ道で重量野菜の運搬ラクラク

宮城県村田町●佐藤民夫さん

畑をズバンと割った一本道。宮城の佐藤民夫さんの畑には、ところどころにこんな道がある。野菜を運びだすためにつくった、軽トラ乗り入れ道だ。

ハクサイやダイコンなどの重量野菜は、一コンテナ約二〇kg！　いちいち畑の端まで運んでいたら体がもたない。そこで佐藤さんは、あらかじめ軽トラ乗り入れ道をつくれるよう、畑の入口からまっすぐ伸ばした線を境にして早生品種と晩生品種を植え分けておく。まず入口から道幅を確保できる分だけまっすぐ早生を収穫、収穫後のウネを崩すためにロータリで一列耕して、トラクタのタイヤで二回往復して踏み固めれば軽トラ乗り入れ道のできあがりだ。

転作田だが、四駆でマッド&スノータイヤを履いていればたいてい入っていけるそうだ。

現代農業二〇一一年三月号

二倍長持ちするタイヤで道を作りながら収穫作業

大分県竹田市●戸井田拓也さん

戸井田拓也さん。ダイコンを周年栽培。延べ面積10ha。タイヤは長持ちする4WD専用（ダンロップ　グラントレックTG4 145R12）

タイヤ選びはそれほど意識していなかったけど、この六年、やみつきになったのが4WD専用の溝が深いやつ。とても長持ちする。畑に入っても強い。値段もそれほど高くない。うちの地域では一本三八〇〇円くらいで、ノーマルタイヤより四〇〇円くらい高いけど、それだけで二倍は長く履ける。前は年に四回タイヤを履き替えてたけど、このタイヤは減りが少ないから二回ですむ。とても経済的。車屋に行けばどこでも取り替えてくれると思う。タイヤは農家でいう長靴と一緒。お金をかけないでこだわれる一番のものだと思う。

ダイコン農家にとっては収穫をいかに効率よくラクにできるかが問題。基本的なことだと思うけど、一枚の畑で収穫が始まって、ダイコンを抜く場所が道路から遠くなったら、晴れてる日に道を作っておく。何度か往復して土を踏み固めておくと、多少雨が降っても軽トラでいける。これをやらないとえらいことになる。コツは一気に行くこと。あと、畑のなかで荷物を積んではまるときは決まって曲がるとき。道はなるべくまっすぐのほうがいい。（談）

現代農業二〇一一年三月号

重いダイコンも「楽輪」つければラクラク搬出

神奈川県三浦市●鈴木清光

軽トラの荷台にダイコンを満載して畑から運び出す筆者。
好天が続いていたので、この日は補助輪は不要

雨降りの翌日でも畑に軽トラが入る!

わが家の経営の中心はダイコンです。ここ三浦のダイコン農家は、収穫したダイコンを畑から軽トラックで運び出すために、太いタイヤに変えたりラリータイヤをつけたりしています。しかし、雨が降った翌日はそうはいきません。以前はこのときばかりは、収穫したダイコンを一輪車で道路まで運んでいました。ところが「楽輪」を使うと、雨の翌日でも畑に軽トラックを入れることができるので、以前よりも時間が短縮できるようになりました。

タイヤの外側につけた補助輪が力を発揮する

楽輪というのは、軽トラのタイヤの外側に大きなラグの付いた補助輪を取り付けるシステムです。わが家では、最近買ったホンダ アクティにはダンロップSP SPORT85R（ラリータイヤ、165／65R1377Q）を付けたうえ、必要に応じて補助輪を付けています。もう一台のスバルサンバーのタイヤは、ブリヂストン604V RD604 STEEL（マッド&スノータイヤ、155R12 6PR）で、やはり補助輪を付けられるようにしてあります。ラリータイヤは一本一万円以上しますが、ダイコンを運ぶには価格以上の力を発揮してくれると感じています（ダイコンのシーズンが終わったらはずす）。

補助輪利用なら踏ん張りがきく

補助輪を付けるのは、雨の翌日と傾斜がある畑の場合です。雨の翌日は駆

標準的な楽輪システム（001-TG4/500 後輪Wタイヤセット）。グラントレックTG4（145R12 8PR）＋補助輪（外径548㎜・タイヤ幅170㎜）。補助輪はハブ金具でタイヤに取り付けるため、タイヤホイールも中心穴が大きい特殊なものを使う。問い合わせ先は㈱カムサー TEL078-950-9050
三浦では、鈴木さんが取り付けているような165/65R13 のラリータイヤに変更したタイプが普及している

じつに美しく積まれているので、横から見ると何だかわからないが、積み荷はダイコン

補助輪の着脱は、後輪を板に載せて行なえば簡単

昨年買ったアクティに補助輪を付けて運んでいるところ

動輪である後輪の両側に、傾いている畑では傾斜の下側になる後輪だけに付けます。畑が傾いていると、軽トラックは空荷の状態でもズルズルと下に流されますが、下側の後輪に補助輪が付いているとそれがしっかり止まります。

道路は走れないけど 二〜三分で着脱できる

補助輪を付けたまま道路は走れません。そこで畑の入り口で、上の写真のような板の上にタイヤを載せて、はずしたり取り付けたりするのですが、着脱にかかる時間はわずか二〜三分です。だから補助輪二つをアクティとサンバーとで使いまわすことができます。

ダイコン満載でも 楽に走り出せる

畑からダイコンを運び出すときは、バックで畑の奥まで下がり、ダイコンを積みながら前進していきますが、重いダイコンを満載した状態で走り始めるには相当な力がいります。

以前は、サンバーとスズキのキャリイを使っていました。キャリイは副変速が付いているのでもともと低速は強いのですが、サンバーは前進には超低

注1）タイヤの総幅から側面の文字、模様などを除いた幅（mm）
2）偏平率％＝断面高さ / 断面幅
3）ロードインデックスともいう。そのタイヤ１本の最大負荷能力を指数で表わしたもの。77：412kg
4）そのタイヤが走行できる最高速度（km /h）L：120、Q：160、S（SR）：180、T：190 など
5）プライレーティング。数字が大きいほど強度が強い

タイヤサイズの表示の見方

2タイプの表記のしかた

165/65R13 77Q

- 165：タイヤ断面幅 1）
- 65：偏平率 2）
- R：ラジアル
- 13：リム径（インチ）
- 77：荷重指数 3）
- Q：速度記号 4）

155R12 6PR

- 155：タイヤ断面幅
- R：ラジアル
- 12：リム径
- 6PR：タイヤの強度 5）

速ギアがあっても後進にはありません。そのためクラッチを傷めたりしました。しかし、楽輪を使うようになってからはその心配がなくなりました。

昨年から使い始めたアクティの場合は、前進・後進とも超低速ギアがあり全体的に力が強く気に入っています。

ちなみに、小さい畑が多く道も狭い三浦では、ホイールベースが長い軽トラック（セミキャブタイプ）は向きません。ホンダは、最近までホイールベースが長いタイプだったのですが、昨年から登場の新型は、サンバー同様の短い型に戻ったので購入を決めました。

現代農業二〇一一年三月号

ダンプ型の軽トラに、モミガラをまくときは自作のかさ上げ枠を取り付ける

田んぼのモミガラ散布に楽輪

兵庫県福崎町で水田3.7haほどを経営する埴岡《はにおか》正昭さんは、イネ刈り後の田んぼにモミガラを散布したり、春に苗代から苗を運び出すときに楽輪を使っている。

モミガラをまくのは、地力が低いところやぬかりやすい田んぼ。1枚30aの田に約50a分のモミガラを入れる。粘土質の田が多く、中央は乾いていても四隅が軟らかいことが多い。

現代農業2011年3月号

機能や装備に頼らない
ぬかるみ脱出法　教えます！

長野県安曇野市●布山繁さん／大倉健太郎さん

「農業用の高い軽トラなんていらない。デフロックなんてなくても、アクセルとクラッチを使いこなせば、ぬかるみから出られる」という布山繁さんと大倉健太郎さんにその技を見せてもらい、解説してもらった（撮影のために深い溝を掘ってタイヤを落とし、出てもらった）

空転するタイヤ

しまった！
タイヤがはまった！

大倉健太郎さん

二駆ではまっちゃったけど、四駆にしてでることができた。でも四駆も完璧じゃない。技が必要、と布山繁さん

車から降りてタイヤを見る

はまると、ふつうはあせってアクセルをガンと踏み込んじゃう。土を掘るから、ますますタイヤが落ち込んで、腹が地面に着いた「亀さん状態になっちゃう。まず落ち着いて、車を降りてタイヤの前後を見る。段差の低いほうが出やすい。ハンドルはまっすぐにする

「もみ出し」をする

釣りで砂浜に行くときとかに覚えたやり方なんだけど、アクセルとクラッチ操作で前進と後退をすばやく繰り返して徐々に振り幅を大きくすると脱出できるんです

溝に後ろの両輪が落ちた状態。このときは後進のほうが出やすいと判断し、ギアをバックに入れた

軽くアクセルを踏む

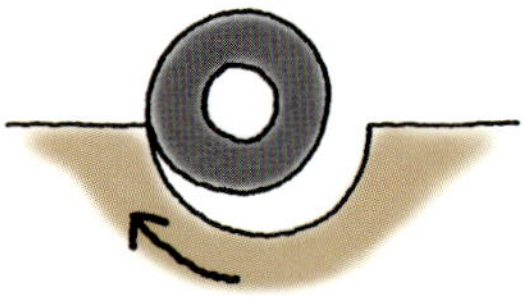

タイヤが上がったと思ったら、すぐクラッチを切る

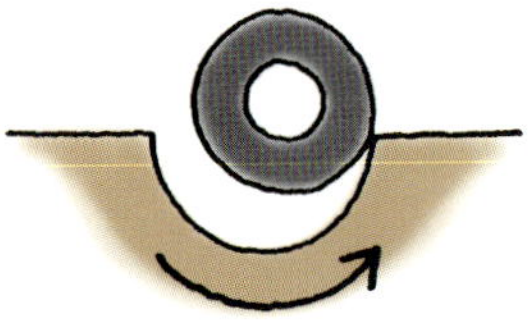

反動でタイヤが勢いよく戻る

タイヤが下がるときに、またすぐ軽くアクセルを踏む。これを繰り返す

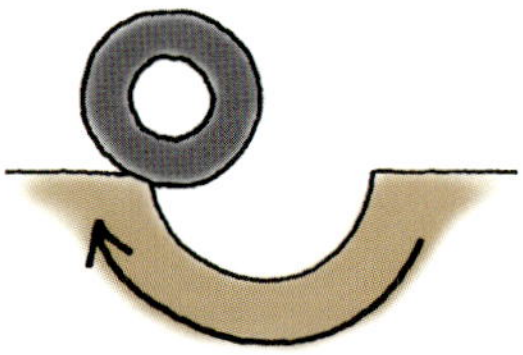

大きな振れのときに脱出

二人いれば「うっちゃり」がいちばん

駆動輪（軽トラの場合は後輪）を溝から出すには、力持ちが2人いるなら相撲の「うっちゃり」みたいに持ち上げちゃうのが早いです。タイヤが対角線にはまると、四駆でも「もみ出し」でも出るのが難しいけど、それでもこれなら出られる

それでもダメなら、けん引

いよいよダメならけん引。ただし引っ張られて出た拍子に、引っ張った車に追突することがあるんで、必ず後ろの車にも人が乗ること。けん引ロープは力がかかりやすいよう必ず直線でかけること。軽トラではなく、もっと大きい車で引っ張るのが基本

後輪の上に乗る

駆動輪の上に人に乗ってもらうと、浮いてるタイヤが接地してすべりにくくなり、アクセルを軽く踏めば出られる。お猿さんみたいにぶら下がって揺するともっといい。グッと下に押しつけたときにポンと出られる

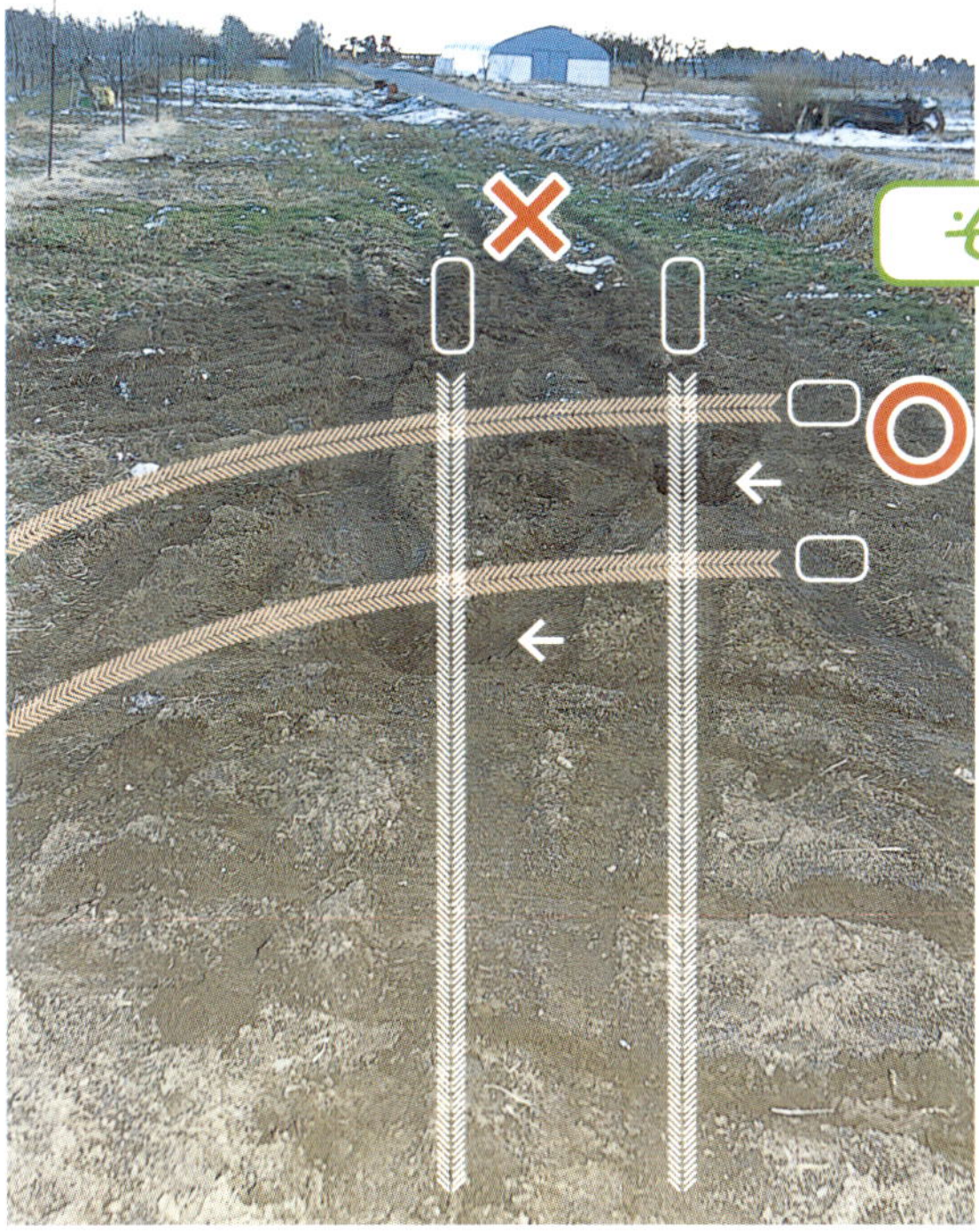

そもそもはまらないコースどり

二駆だと一輪はまったら動けない。四駆は一輪なら大丈夫だけど、対角線に二輪はまったら動けなくなる。四駆といっても戦車じゃない。対角線の穴ボコ（矢印）が要注意ってこと。畑で見つけたら、穴を踏まないように抜ける（○印コース）。対角線で踏む（×印コース）のは最悪

オートマ車はそもそもぬかるみに強い

最近増えている軽トラのオートマ車は、マニュアル車より10万円くらい高いけど、ゆっくり発進する（クリープ現象）から、ぬかるみにはまりにくく、はまっても出やすい

軽トラに詰んでおきたい便利道具

けん引ロープは、車重の2倍くらいの力がかかるので1.5t用を買うといい。スコップ（折りたたみ式）があると、タイヤの前後をなだらかにするときとかにいい。両方で5000円くらい

これだけは知っておきたい基本技
3種のヒモと4つのカンタン結び
群馬県川場村●久保田長武

キュウリのネット張りに便利なPPヒモは、束ねてマイカー線で巻き結びしておくと落っこちない（写真は黒澤義教撮影、※以外）

必修！ヒモ&ロープの結び方

スキーで覚えたロープワークから農業に役立つものを厳選

ここ川場村の冬は、一mくらい雪が積もることもあり農作業はできませんので、村の若者の多くは地元のスキー場にアルバイトに行きます。私も父親が元気で家を守ってくれている間は、地元の「川場スキー場」に、趣味と実益を兼ねたアルバイトに行っています。そこで全日本スキー連盟公認のスキーパトロール（四四期）の資格も取らせていただきました。

スキーパトロールは、けが人の救助、搬送、けがの処置、進入規制のロープ張りなど、縛ったり結んだりすることが多い仕事です。人命にかかわるため、的確な判断と素早い縄さばきが求められ、間違いは許されません。先輩から数多くの結び方・縛り方を教えていただき、興味を持って勉強しました。

筆者と妻と娘。筆者が持つのがマイカー線、首にかけているのが畳の縁。妻が肩から下げているのがPPヒモ。どれもわが家の農作業に欠かせないヒモたち

3種のヒモは、軒下などよく通るところ3カ所くらいに吊しておくとすごく便利。左から畳の縁、マイカー線、PPヒモ。すべて180cmに切ってあるので使いやすい

じつは農業も結んだり縛ったりする機会が多い仕事です。しかし農作業において、「命を預ける」ほど重要な結び方が必要とされるシーンはほとんどありません。またロープワークの本に載っているような何百種類もの立派な結び方も、実際のシーンではややこしくて役に立ちません。

「農家に役立つ結び方・縛り方」の基本は、①かんたんに結べること、②かんたんに緩まないこと、③用がすんだらかんたんに解けること、の三つだと考えています。私は、スキーパトロールで覚えたロープワークの中から、農作業に役立つ結び方をいくつか選んで応用してきました。

天下無敵！　わが家の「三種のヒモ」

実際に私が使っている結び方の紹介に入る前に、私が愛用している「三種の神器」ならぬ「三種のヒモ」を紹介します。それは「畳の縁」「マイカー線」「PPヒモ」です。ヒモやロープは種類によって結び目にかかる力がだいぶ変わってきますが、この三種のヒモがあれば、農作業でのすべてのシーンに適応できるといって過言じゃありません。

畳の縁《へり》　滑りにくくて強度がある

畳の縁は知り合いの畳屋さんに頼むと一〇〇本くらいすぐに、しかもタダでもらえちゃいます。畳の縁は滑りにくく、強度もかなりあるので農業の様々な面で大活躍しています。とくにワラ束を縛る時や、農業機械を固定する時などにはとても重宝します。

また畳の縁は日本家屋の規格である一間（一八〇cm）になっていますが、この一八〇cmという長さが長過ぎず短過ぎずで気に入ってます。昔の人は桑の葉を束ねる時などに、一尋《ひとひろ》と呼ばれる長さをよく使っていたそうです。両手を横に広げた長さのことで、何かを縛ったり束ねたりする時に、いちばん使いやすい長さということです。半分に折れば九〇cm、四分の一に切れば四五cm。足りない時に二本つなぐと三六〇cmになります。この四五、九〇、一八〇、三六〇cmという長さは、実際に使ってみると、日本人にとって都合のいい長さだと実感できます。短過ぎるとヒモが結べませんし、長すぎると仕事の手間が増えてしまいます。そのた

巻き結びの結び方

あらかじめ輪を作る場合

写真のように持って矢印の方向に両手を回す

できた2つの輪を、右手が下、左手が上になるように重ねる

★に支柱やヒモの束を入れて締める

あらかじめ輪を作らずに結ぶ方法

ヒモを支柱に回し、元側より上に端がくるようにする。次に元側の下を回しつつ、中から端を通してくる

完成

め私は、よく使うヒモはあらかじめ一八〇cmを目安に切っておいています。

マイカー線
強度があるのにしなやか

何年かキュウリのトンネルに使ったマイカー線もリサイクルし、やはり一八〇cmに切っておきます。マイカー線は畳の縁とＰＰヒモの中間の性格で、軽くて小さいものでも重くて大きいものでもどちらにも使えます。強度があるのにしなやかで扱いやすく、結び目は緩みにくい。何にでも使えて重宝します。

バインダ用ＰＰヒモ
細くて長持ち

バインダ用のＰＰヒモは、麻ヒモと違って水に濡れても伸び縮みすることはありません。キュウリのネットの裾に通していた長いＰＰヒモも、捨てずに一八〇cmにカットしておきます。使いかけの肥料袋の口を縛る時や、キュウリのネットのように何十カ所も縛らなくてはいけない時に重宝します。

そして一八〇cmに切ったこれら「三種のヒモ」は、真ん中を「巻き結び」で束ねておき、家の軒先や作業場の入口など、毎日よく歩く場所に、三種類一セットであちこちにぶら下げています。いつでもすぐに使えるようにです。

必見！ 農作業で役立つ わが家の結び方

巻き結び
ヒモを束ねる・支柱にロープを張る

三種のヒモを巻き結びで束ねておくのは、一本ずつヒモを使っていった場合に輪がだんだんスカスカになり、ヒモがゴソッと全部落ちてしまわないため。巻き結びは、緩むたびにクッと引くだけで輪が小さくなり、最後の一本になるまで輪を締めることができる優れものです。キュウリのネットを縛るＰＰヒモも、肩から下げたマイカー線で巻き結びにしておけば、残り本数が少なくなってもヒモが落ちないので両手が自由に使えます。

巻き結びは、支柱と支柱にロープを張るのにも使います。いちいち結び目をほどかなくてもロープの張りを調節

引き解け結びは解くのがかんたん

キュウリのアーチの上に張ったマイカー線は引き解け結び。つまんで引けば解ける（上）。右はキュウリのネットの裾とアーチをPPヒモで引き解け結び

でき、鳥獣害対策のネットを張る時などに使っています。

引き解け結び

片付けが早く、応用が利く

わが家が農作業で一番使う結び方は、おそらく「引き解け結び」（片蝶々結び）でしょう（五三ページ参照）。これは以前から父親がよく使っていました。自然にほどけることはまずありませんし、それでいて結び目から出る一本を引っ張ればピッとかんたんに解けて、片づけが早い早い。キュウリのネットを支柱や裾のPPヒモにくくりつける時も全部これです。

引き解け結びは、他の結び方にも応用できます。結び目の端の始末を引き解けにしておけば、解くのに苦労せずにすむというわけです。

外科結び

縛る途中で緩まない

右の「外科結び」（サージェンス・ノット）は、外科手術などで縫合する際などに使われる縛り方で、お医者さんがよく使います。「米袋の縛り方」といえば早いでしょうか。本結びを一回多く巻くだけなのでとてもかんたんです。何かをきつく縛ろうとしている最中にフッと緩むことってありますよね。外科結びなら、途中で緩むことが減ってきつく縛れます。またトラロープなど、滑りやすいロープもこの結び方が有効です。ちなみに靴のヒモも外科結びしておくと、滅多に緩まなくなります。覚えておくと一生便利です。

ひばり結び

ちょっと縛りつける時や、重い棒を束ねる時

左ページのひばり結びは、ちょこっと縛っておきたい物や場所にあらかじ

外科結びの結び方

巻き付けを1回多くして

ギュッと縛ったら

両手を手前に持ってきて、よりを真ん中に集める。これでもう緩まない

引き解け結びにしておけば、解くのがラク

ひばり結び（※）

軽トラの鳥居に畳の縁をひばり結びでぶら下げておくと便利。川場村では皆、管理機は鳥居に斜めに立て掛けハンドルを1カ所だけ縛って運ぶ。南京縛りよりも早くて倒れない。オイル缶の取っ手にも畳の縁をひばり結びしている（※）

めヒモをくくりつけておくのに便利。たとえば灯油のタンクなどの取っ手に、ヒモをひばり結びしておけば、倒れないように軽トラの荷台にくくりつけることができます。ハウスのサイドに何本かひばり結びでマイカー線を垂らしておけば裾の開閉に便利です。

ひばり結びを応用すると、重い支柱や角材を束ねる時にラクです。棒状のものを束ねる時は二回ヒモを回して縛らないとガッチリしませんが、重いものを二回も持ち上げてヒモを回すのはたいへん。そんな時は変形のひばり結びが役立ちます。あらかじめ二つ折りしたヒモを一回下に通すだけ。輪に通すひもは二本ではなく一本だけ通して、このヒモと、通してない残りの一本を結べばいいのです。これは骨折した足に添え木する時などに、痛む足を二度持ち上げなくてもすむように考えられた縛り方です。

◇　◇

基本の結び方をいくつか知っていると、それを応用することで便利さは無限に広がり、農作業が楽しくなります。自分なりに「いいのめっけた！」となれば、結び方に名前なんていりません。自分にとっての宝物になれば、それでいいと思います。

現代農業二〇一一年九月号

変形ひばり結びで束ねる

二つ折りした畳の縁を束の下に通したら、1本だけ輪に通す（2本通して引っ張れば普通のひばり結びになる）

輪に通した1本と通してないもう1本を結ぶ

荷台の荷物の定番固定法 南京縛り

群馬県川場村●宮田修さんの方法（写真はすべて黒澤義教撮影）

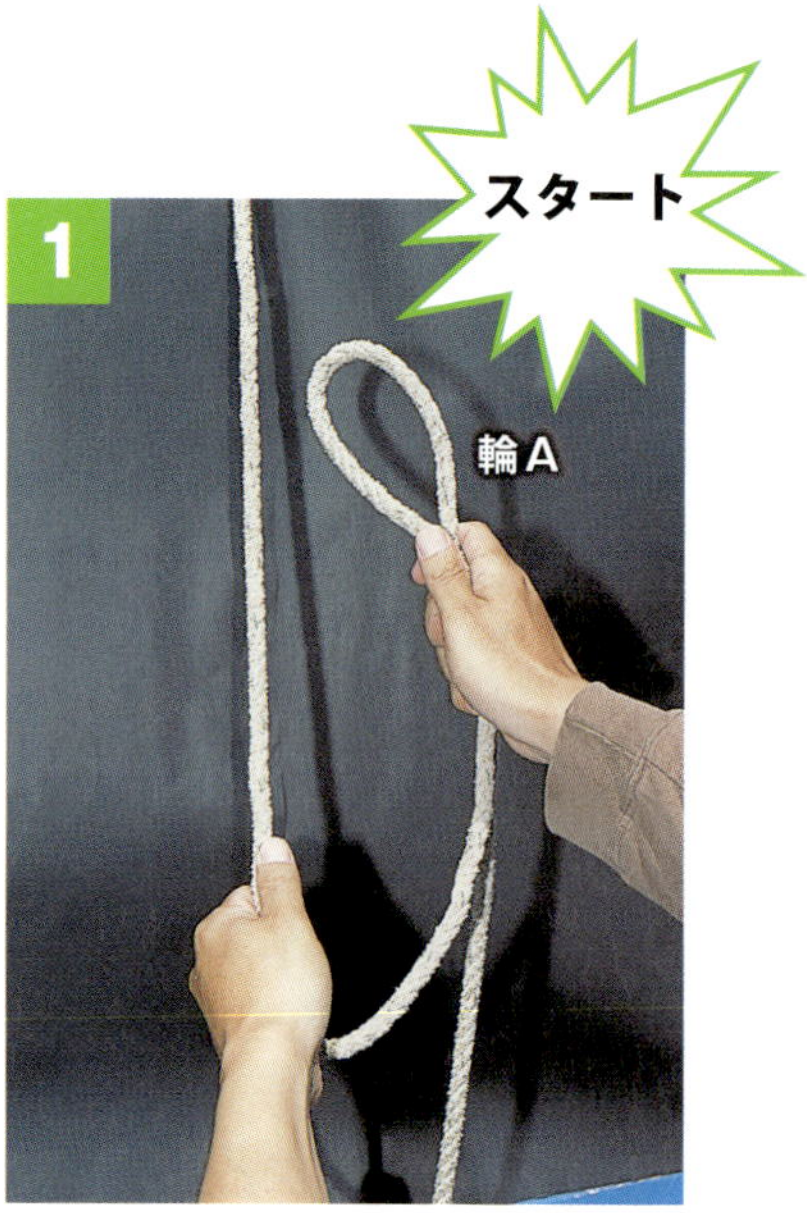

ロープを握った左手よりも50㎝くらい下のロープを、輪Aができるように折り曲げて右手で持つ。輪を上に持ってくる

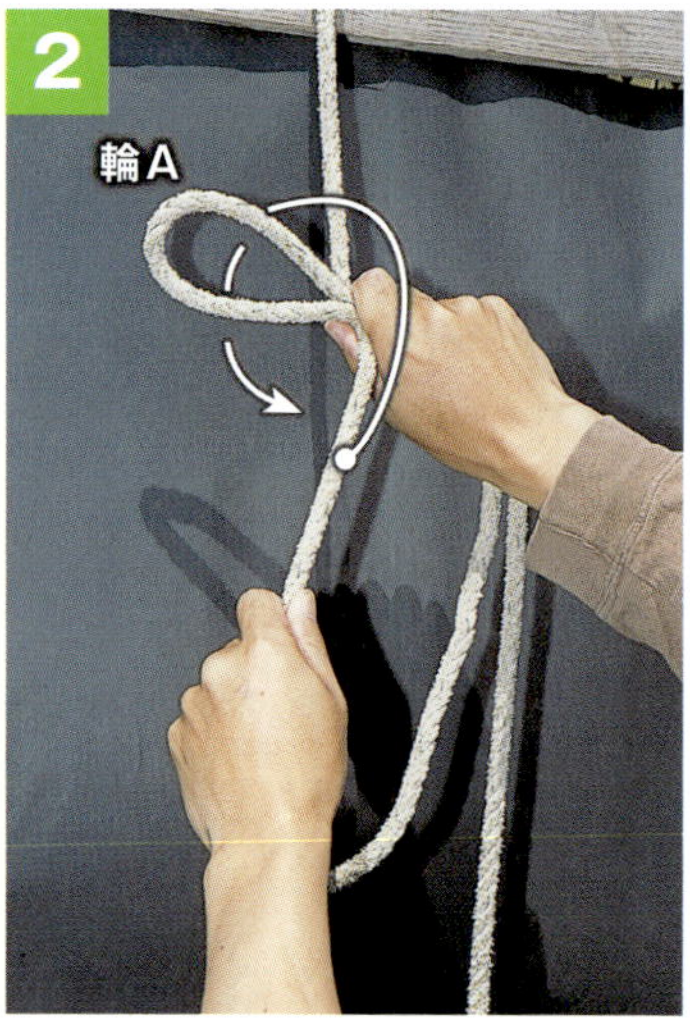

輪Aを上から降りているロープの上に置いて、輪の首に左手のロープを1周させる

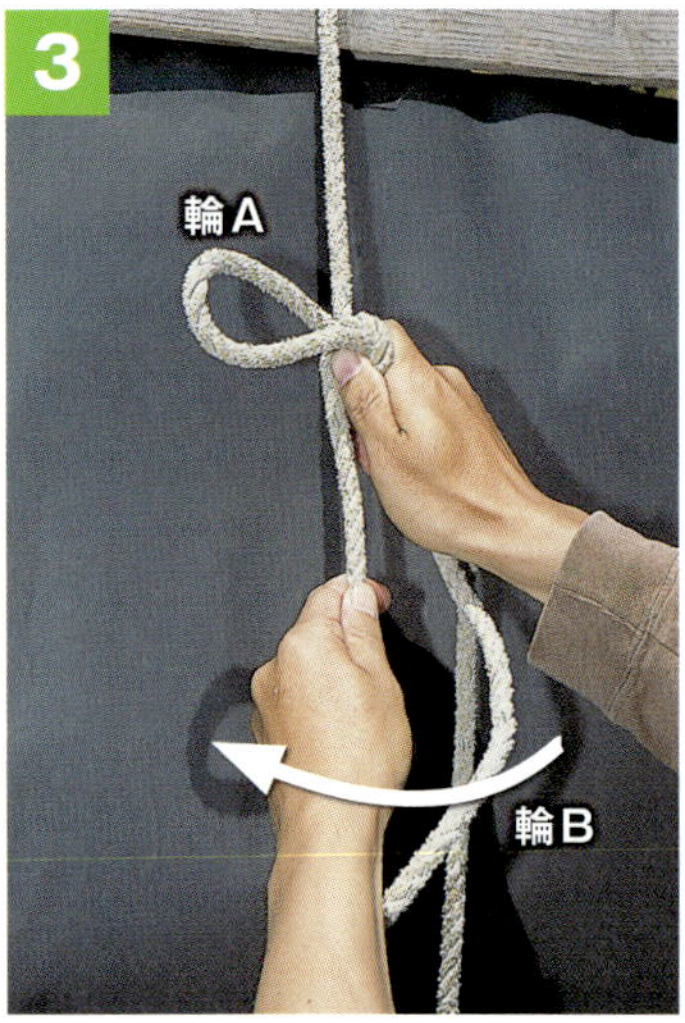

輪Aが緩んだり抜けないように右手で押さえて、下にできた大きな輪Bを左方向に半ひねり

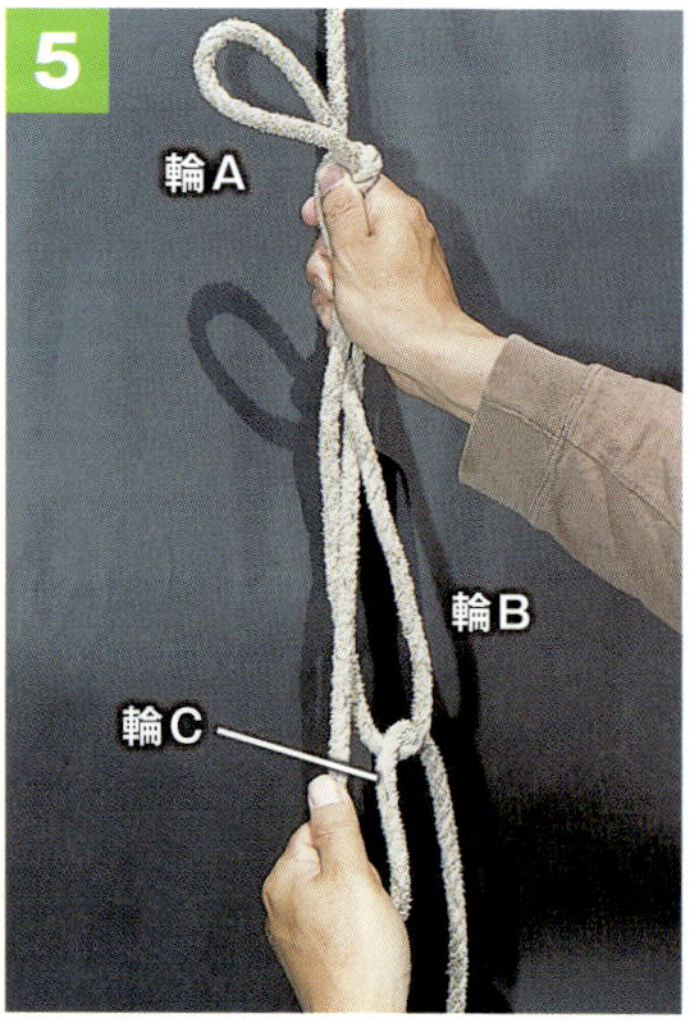

輪Cをどんどん引き出して

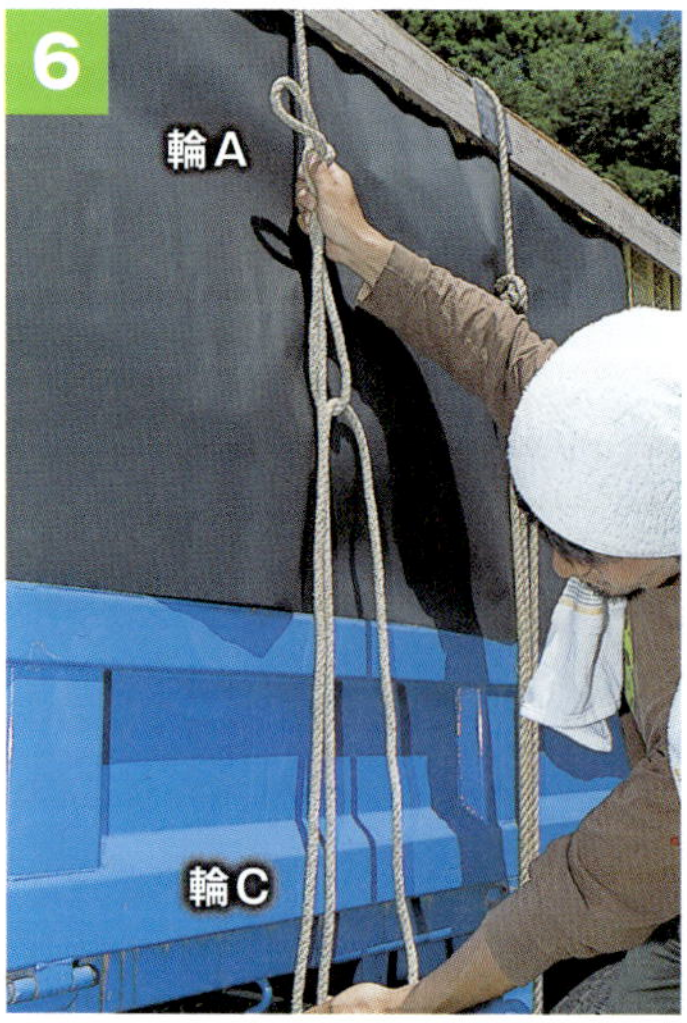

フックに引っかける

右手で一番上の輪Aの根元を押さえたまま、左手で垂れているロープを下に引く。輪Aが解けないことを確認して右手を離す

荷物によっては、
4の輪Bの半ひねりに
もう半ひねり加えると、
ガッチリして
安心です

宮田修さん。
ブルーベリー、
リンゴを栽培

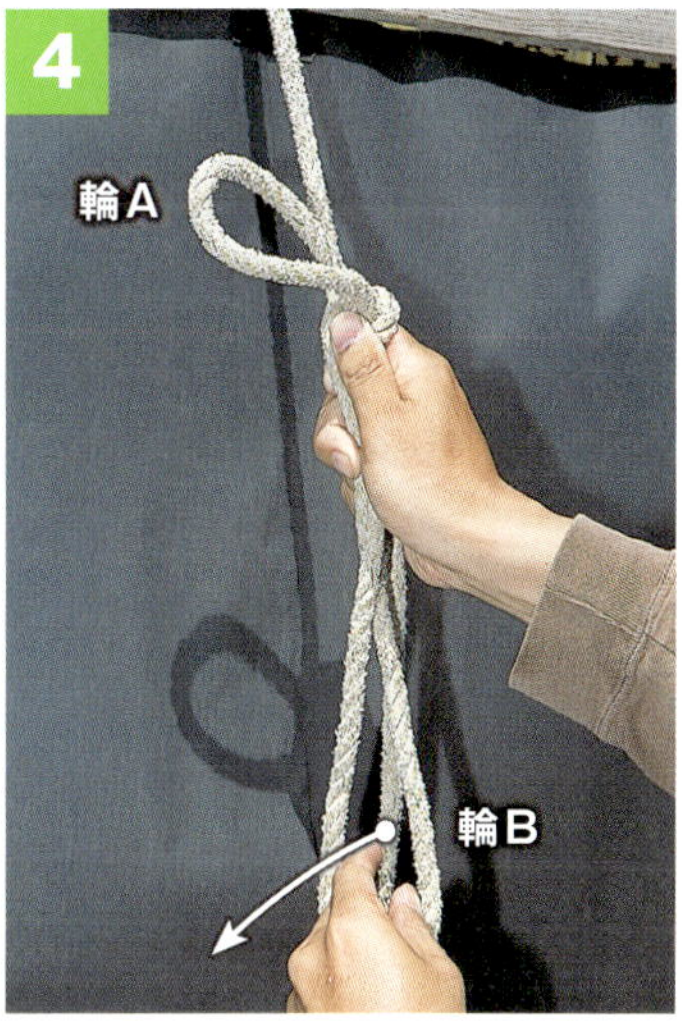

輪Aの首から垂れているロープを、半ひねりした輪Bに手を入れて引き出す

完成

フックに留め処理をして完成（留め処理は58ページ）。宮田修さんの南京結びは、ごく一般的なスタイル

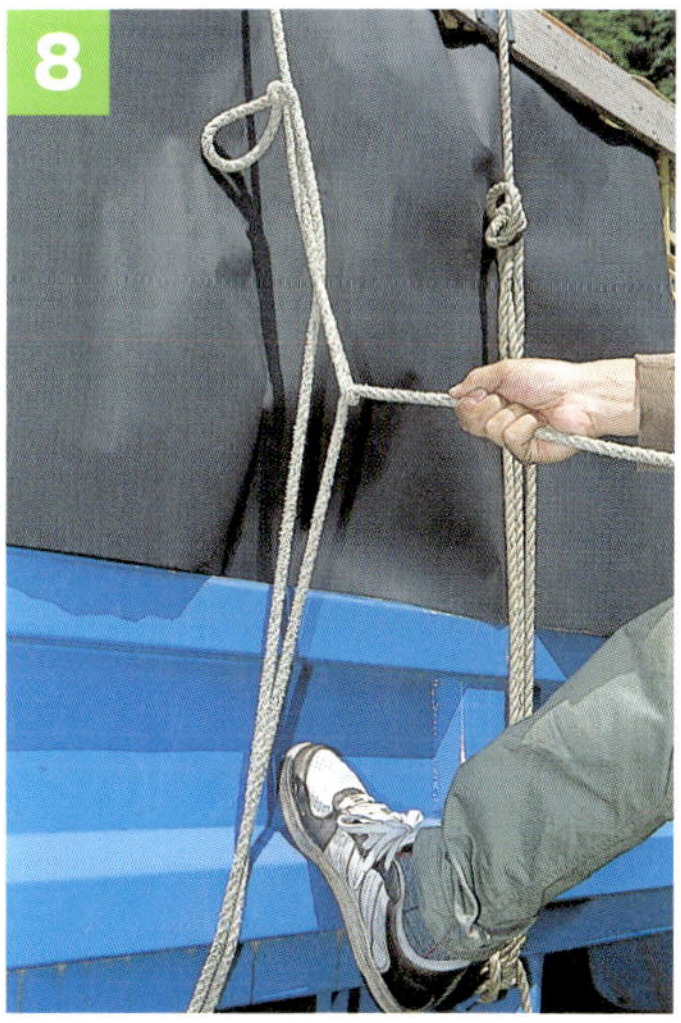

手前にぐっと引いて、下に引く、を繰り返すと滑車の原理でどんどん締まる。

南京縛りの後の「留め」の処理もいろいろ

群馬県川場村から

久保田長武さん

「巻き結びの変形みたい。最後のフックまですべてこのやり方です」

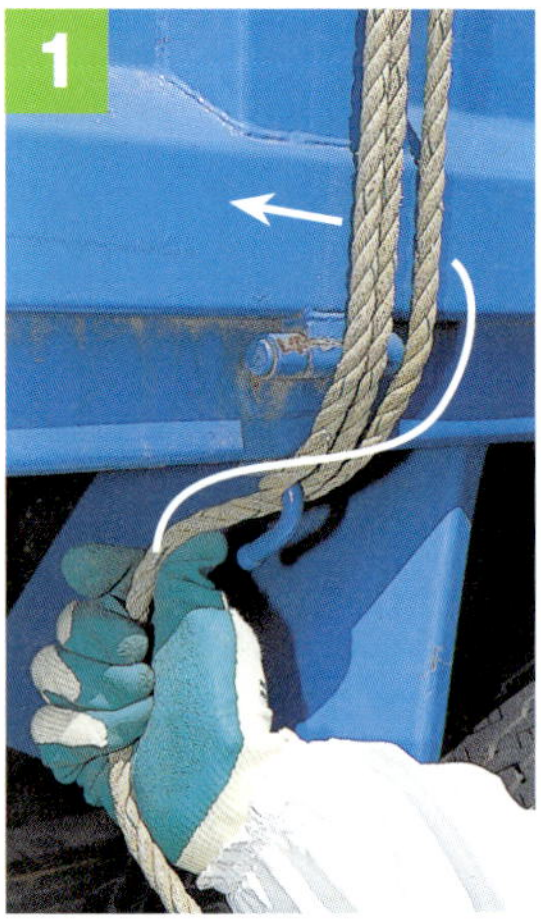

右からフックにかけたら

右から輪を通して

左から輪をフックにかけて

引き落としたら、となり（右）のフックへ（次のフックが左の場合はこの真逆をやる）

南京縛りを上から見ると…？

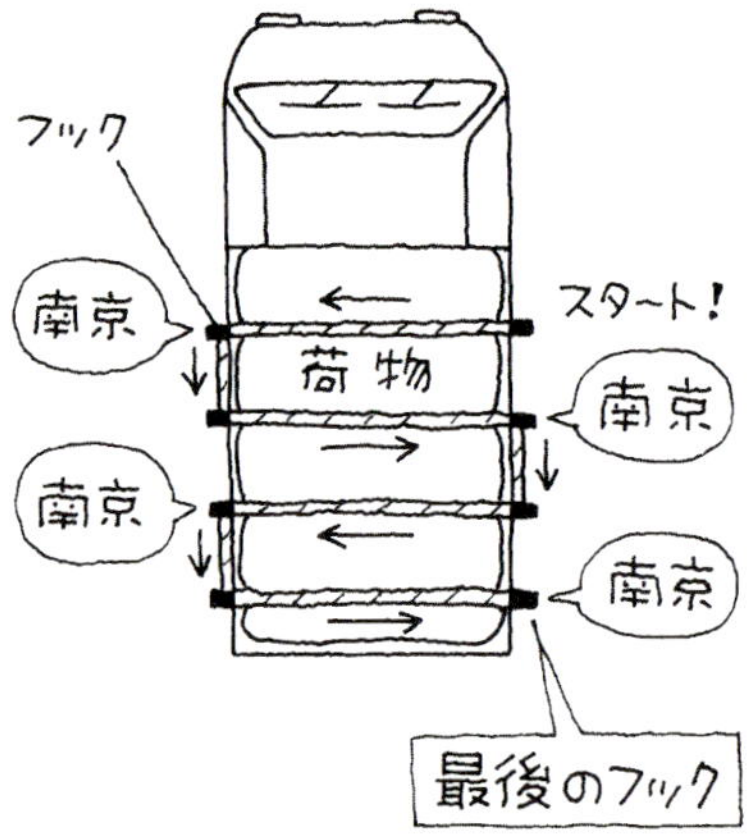

宮田修さん

「僕のはもう少しかんたんな留め方。最後のフックだけは久保田君と同じやり方です」

写真のような輪をつくっておいてフックにかける

引っ張ったら、となりのフックへ

星野祐二さん

「途中のフックはすべて（宮田）修さんと同じですが、
最後のフックの留めだけはガッチリこうやってます」

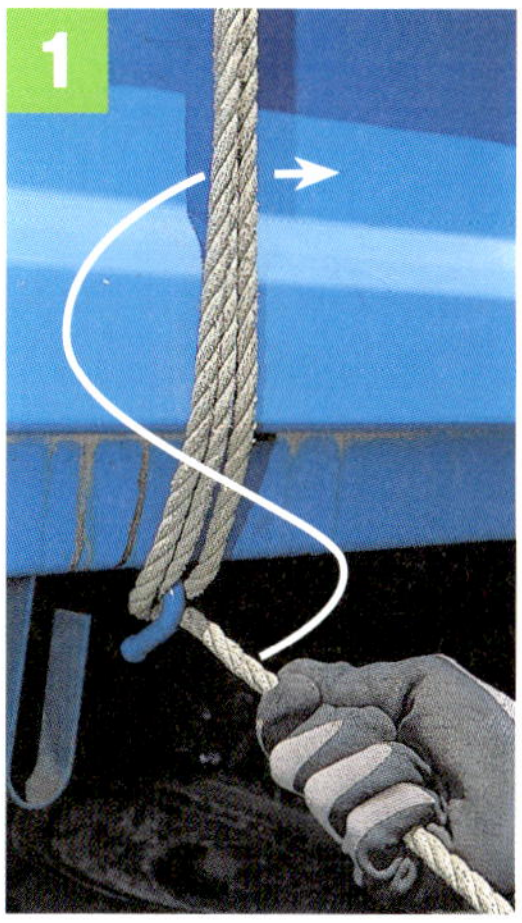

左からフックにかけたら

左から輪を通して

輪を左方向に半ひねりさせて
フックにかけたら

上に引っ張る。残りのロープ
はまとめて荷台の中へ

川場村の若手農家たち。それぞ
れの南京縛りのやり方を比べて
みた

ハマった軽トラ・農機もけん引できる!

ロープを編めば強度3倍

群馬県川場村●久保田長武

ロープを編めば強度アップ

畑で軽トラがはまってしまった。あと数mでも移動すれば抜け出せて、帰れるのに……。

本当は牽引用のワイヤーやベルトを使うべきですが、もしそこにロープしかなかったらどうしますか。「ある物でどうにかやってみるしかない!」という場面は農業をやっていると多々あります。

そんな時はロープを編んで使う方法を知っておくと便利だと思います。編むことでロープの強度アップ。アッという間にできます（ただしこの方法、専用のワイヤーのように強度が保証されているわけではありません!）。

両端は「二重もやい結び」か「二重8の字結び」

重いものを引っ張ると、強い力で結び目が引っ張られて後でほどけなくなってしまうことがあります。

そんな時のためにぜひ覚えておきたいのが「もやい結び」と「8の字結び」です。ロープを編んで牽引する際、車や機械の牽引部（フックなど）につなぐ両端も、この結び方を二重にして使

強度を高めるロープの編み方

ハマった軽トラに「二重もやい結び」でロープを結ぶ（結び方は62ページ、写真はすべて黒澤義教）

ロープの端の輪にもう1本のロープを通して、新たな輪を作る

新しくできた輪に、同じようにロープを通す

次々に編んでいく。始めと終わりは細かくするが、途中は一編みをもっと長く（50㎝くらい）してもOK。最後はもやい結びか二重8の字結びでトラックにつなぐ

脱出成功！

えます。

もやい結びは別名キング・オブ・ノット（結びの王様）とも呼ばれています。強く引っ張られても輪の大きさが変わらず、なおかつ結び目がきつくなりません。

同じような用途ですが、もっとかんたんで信頼性が高いのが「8の字結び」です。文字通り数字の〃8〃に見える結び方ですが、普通の「ひと結び」をクルッと一回多くひねっただけですので、覚えやすいと思います。これも強く引っ張られた際などに、通常の結び目よりも解きやすいという特徴があります。

現代農業二〇一一年九月号

もやい結びの結び方

あらかじめ二つ折りにしたロープで
結べば「二重もやい結び」

まず、上のような輪をつくる。小さい輪のロープの重なりが逆にならないように注意（牽引部の金具の形状がフックのように後から輪をかけられるタイプじゃない場合は、☆部をあらかじめ通してから始める）

元側のロープの下をくぐらせてから小さい輪の中へ差す。「ウサギ（先端）が巣穴（小さい輪）から出て、丸太（元側のロープ）をくぐってまた巣穴に飛び込む」とイメージすると覚えやすい

手前に1本と、結び目に2本のロープが完成のしるし

現代農業2011年9月号

二重8の字結びの結び方

あらかじめ二つ折りしたロープを1回ねじって

もう1回ねじって8の字をつくる

8の字の上の輪にロープを通す

8の字が完成のしるし。輪をフックにかける

サトちゃんに聞く

軽トラ荷台に管理機を固定するロープの結び方

佐藤次幸さん／今井虎次郎さん

新規就農五年目の今井虎太郎くん、野菜のウネ立てや土寄せなどには一輪の管理機を使うことが多いそうだ。今井くんはあっちこっちに畑を借りているので、管理機は毎回軽トラで畑に運んでいる。でも一輪の管理機はスタンドを立てても不安定。倒れないようにしっかりロープで固定したいのだが、「畑に着くまでに管理機が倒れないかいつも不安です……」。

　さあこんな時は、悩める農家の味方・会津（福島県）のサトちゃんが放っちゃおかない。トラクタ特訓に引き続き、再び今井くんの住む神奈川県伊勢原市にやってきた。

一見ちゃんと固定されているようだが、管理機のハンドルを軽く揺さぶると……（写真はすべて倉持正実撮影）

まずは今井くんに、いつもやるように管理機を軽トラに固定してもらった。

今井くん（以下今）：今日はけっこううまく固定できたかもしれません。

サトちゃん（以下サ）：ふーん、いつもこうしてるわけか。それじゃちょっと揺らしてみようか、ほら。

グラグラ、ガッシャーン!!

　あれれれ、管理機はいとも簡単に倒れてしまった。これには今井くん、あ然。

これなら倒れない サトちゃんの 6点固定のやり方

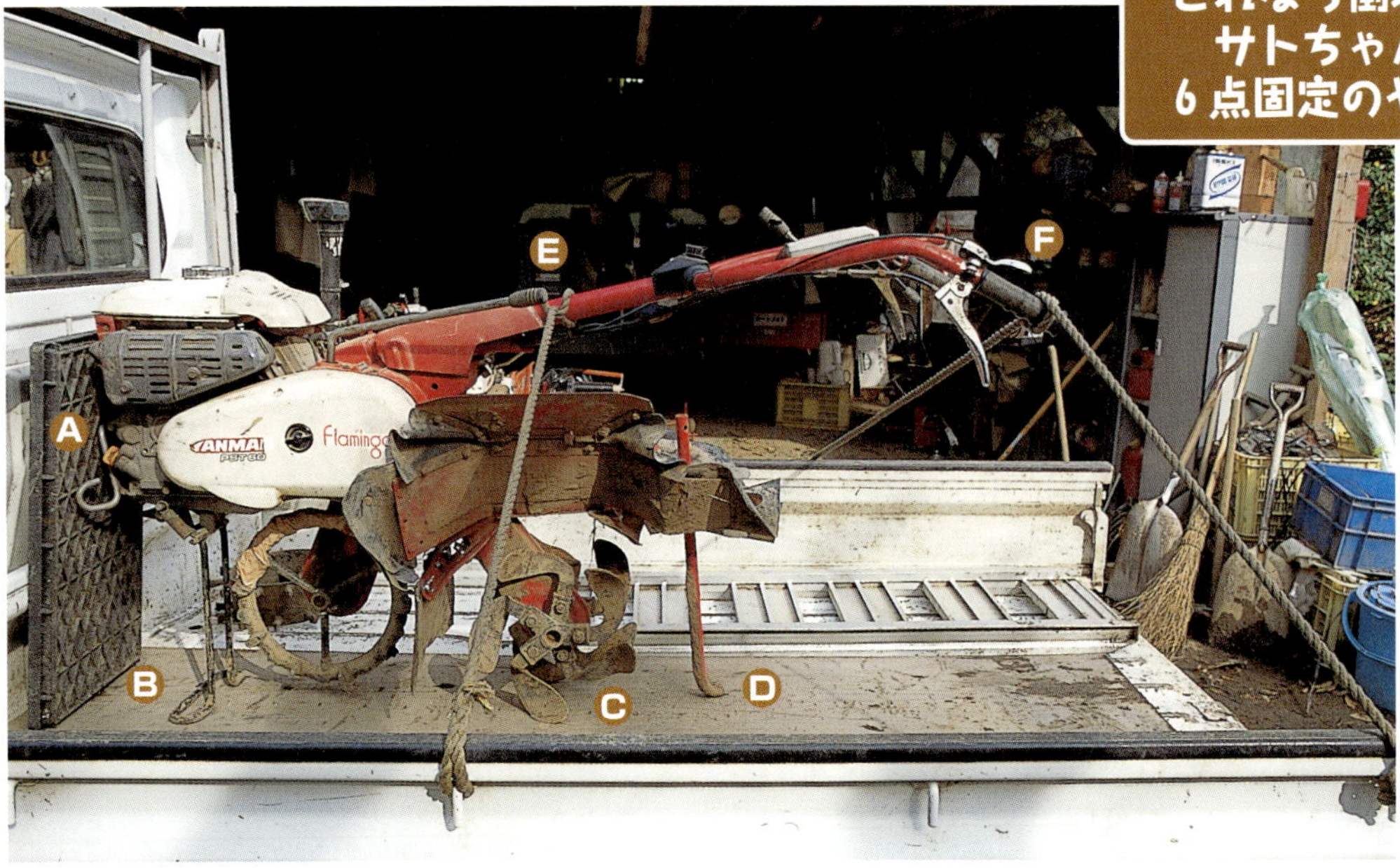

Ⓐ管理機の前方を荷台の前に板（写真では臨時に育苗箱）を挟んで押しつける。急ブレーキをかけても前に動かない
Ⓑスタンドは立てる（荷台の凹凸で安定しない場合は板を敷く）
Ⓒ Ⓓ耕耘爪と抵抗棒、両方が接地するように
Ⓔハンドルの軸部にロープをかけて固定（ロープの詳しいかけ方は左ページ）。管理機の陰に隠れて見えにくいが、向こう側のロープは一番前のフックに縛ってあり、急発進しても管理機が後ろに動かない
Ⓕさらにハンドルにもかけると万全

万が一倒れても荷台からはみ出さないように、管理機は真ん中に載せる

ロープをかける順番

❶管理機にロープをかける（左ページ参照）
❷前から2番目のフックにロープの端を固定
❸一番前のフックに南京縛り（左ページ参照）
❹後ろから2番目のフックにかける
❺ハンドルにかける（左ページ参照）
❻一番後ろのフックにかけてとめる

管理機にロープをかける時

（右ページ❶と❺）

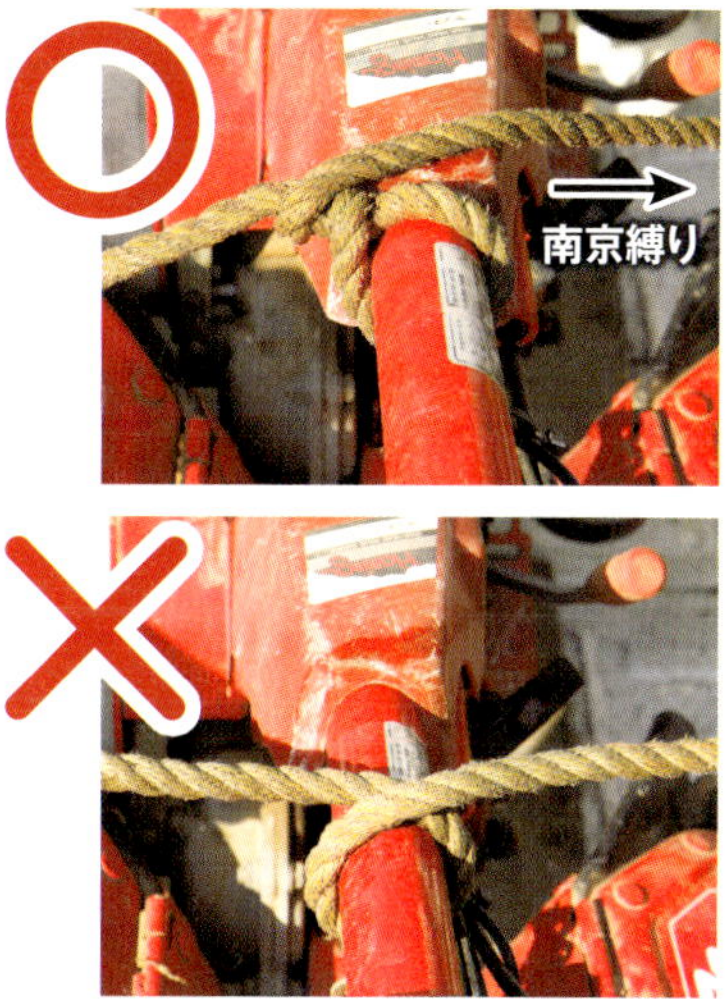

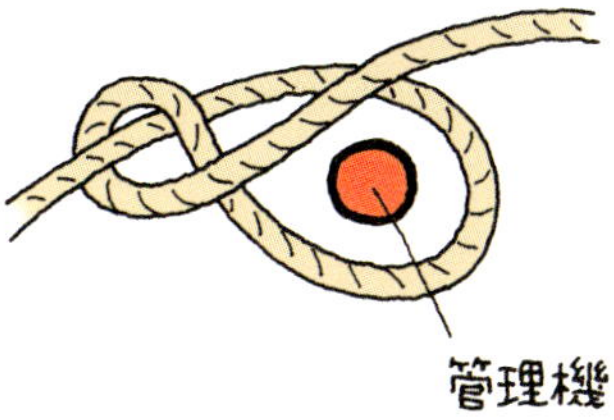

下のようにただ回しただけだと輪っかが動いてしまうよ。上のように一度ひねりを加えると輪っかが固定されるから動かない。このちょっとの手間を惜しんじゃダメよ

南京縛り

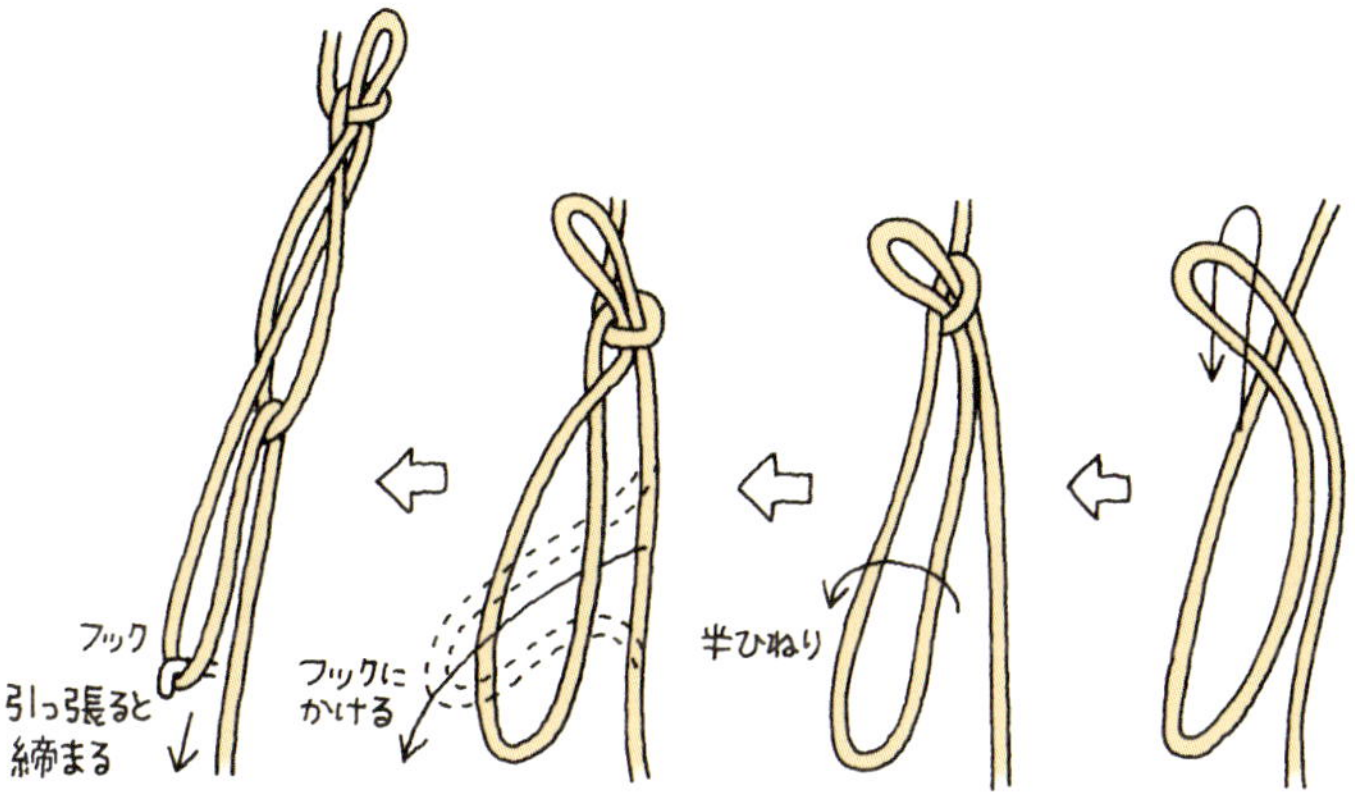

締め過ぎると解くのが大変だったり、ハンドルが曲がったりするからほどほどに

サ：なんで軽トラの片側（左側）にしか固定しないの？　走っている時にこんなふうに外側に倒れたら危ねーよ。

今：前は両側からロープで縛ってたこともあるんですけど、なんでか倒れちゃうんですよ。片側のあおりにくっつけたほうが、支えになって完全には倒れないからと思って……。

サ：そりゃ、縛り方が悪いんだって。よーしじゃあ、やって見せっからね。ちゃんと覚えてよ。

現代農業二〇一一年三月号

軽トラなら こんな使い方もできる

軽ダンプだからできた 年間20tの腐葉土作り

栃木県那須塩原市●室井雅子

わが家に初めて軽ダンプ（荷台を傾けて荷物を下ろせる軽トラック）が来たのは今から一三年ほど前のことだったと思います。

当時、わが家にはすでに大人一人につき一台の乗用車と二tダンプ、軽トラック、合わせて六台の車がありました。加えてトラクタ二台とバイクがあり、その税金だけでもそれはそれはたいへんな額でした。そこにもう一台買うなんて、私は正直反対だったのです。しかしこの軽ダンプが、私の仕事を劇的に進化させたのでした。

軽ダンプで 年間二〇tの腐葉土作り

わが家の経営は稲作が中心ですが、私は四五〇坪のハウスで年間二万鉢以上の鉢花や苗を育てています。二万鉢分の培養土を買っていたのでは経費がかかりすぎるので、六反の雑木山から集めた木の葉で自分で腐葉土を作り、購入した赤土と配合しています。

落ち葉をさらって腐葉土を作るのは、それはそれはたいへんな仕事です。軽ダンプが来るまでは、落ち葉を大きな網にくるんで軽トラックに載せ、三kmほど離れた乗馬クラブまで運んで堆肥にしてもらっていました。できた堆肥はふたたび軽トラックに手作業で積み、下ろすのも手でやっていました。

六反の雑木山から集める落ち葉は想像を絶する量です。それを運ぶのに、乗馬クラブまでの三kmの道のりを何回往復したことか。ところが、そのうち乗馬クラブ側が落ち葉を受け入れてくれなくなり、途方にくれていたところに軽ダンプがやって来たのでした。

同じ頃に私は、近所の豆腐屋さんからもらえるオカラと嫌気性微生物（カルスNC－R）に出会っていました。そこでピカーッとアイデアが浮かんだのです。——そうだ。落ち葉を運んで来るのではなくて、雑木山で腐葉土を作ってしまおう。

年間二〇tを一人で作れる

それまで網にくるんで運んでいた落ち葉は、そのまま直接軽ダンプの荷台へ載せることにしました。そして雑木山の中に車が通れる道を作り、ちょっと広い場所を見つけてザーッと下ろします。そこにオカラとモミガラと微生物資材を発酵材としてはさんでいきます。もちろん、これらも軽ダンプで運びます。落ち葉と発酵材をサンドイッチ状に五段ほど積むと、その山は私の背丈近くにもなります。

そして待つこと一年——。パサパサだった落ち葉は、雑木山の中で、カブトムシの幼虫がいっぱいいる極上の腐葉土となります。

できた腐葉土を軽ダンプに積むのは手間ですが、家まで運んだ腐葉土はユンボ（バックホー）で赤土と混合。さらに肥料を加え、小型管理機で丁寧に砕きながら混ぜてから一年寝かせます。こうして合計二〇tもの培養土を、今年還暦を迎えるおばちゃんが一人で作ってしまうんです。

土は重たいし腐葉土を作るのもたいへんではあります。でも花は、この重労働があってこそ美しく咲いてくれるのだと思います。それにしてもこの作業を一人でやってのけられるのは、軽ダンプやユンボがあるからこそ。軽ダンプは私の大切な仕事仲間の一員です。

初代は三菱の軽ダンプでした。私の運転が上手なものですから、狭い雑木山の中であちこちにぶつけ、バンパーがひん曲がりながら一三年間よく働いてくれたものです。昨年新しく、ボタン一つでダンプができる（荷台が傾く）スズキ君に来てもらいました。今度はもう少し大切に使ってあげようと思います。

現代農業二〇一一年三月号

腐葉土の作り方

まず、腐葉土を積む場所の周囲の落ち葉を手で集めて一番下の段にする。6m×7mくらいの大きさの長方形に

その上に、軽ダンプで次々運んで来る発酵材（オカラ＋モミガラ＋嫌気性微生物）と落ち葉を交互に重ねていく。長方形の山の端に、ダンプから下ろした発酵材と落ち葉を、手作業で広げながら積み重ねる

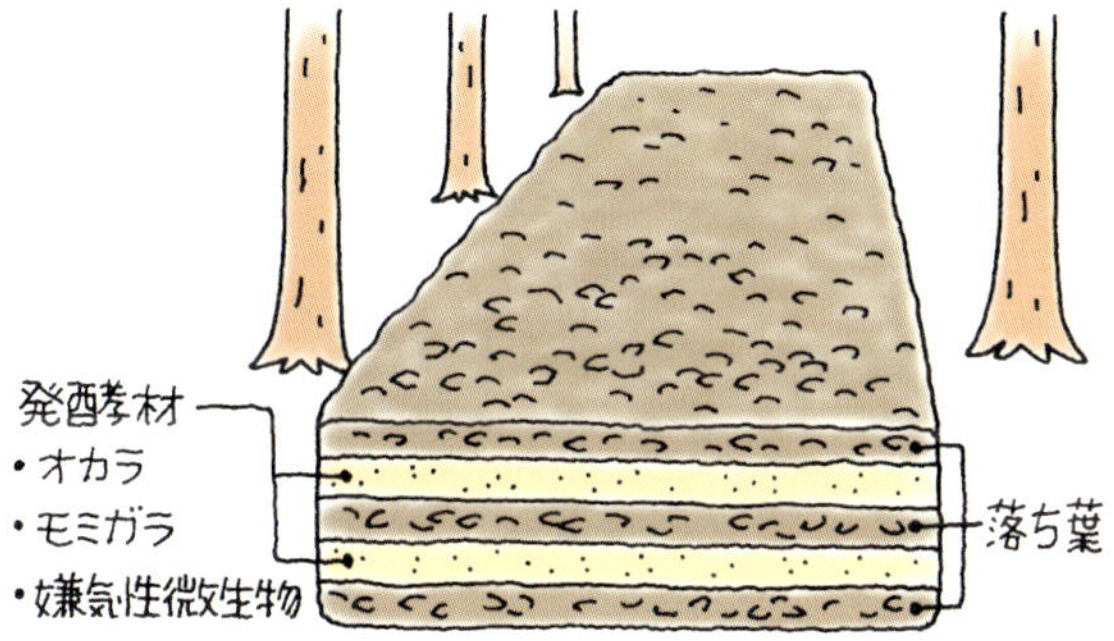

落ち葉と発酵材を交互に5段重ね。6m×7m×1.3mくらいの巨大な箱形に。1年たつと高さは3分の1くらいになる

インバーター＋軽トラのバッテリーでどこでも電気器具が使える

徳島県●金佐貞行

携帯の充電、ハンダ付け電動ドリル…なんでもできる

　畑の中や農道など、電源のない場所でもちょっと電気器具が使いたい場面があります。そんなときに持っていると重宝するのが、インバーターです。これがあれば、軽トラが走行可能な場所ならどこでも交流一〇〇Vの電気器具を使用したり、携帯電話やデジカメのバッテリーを走行中に充電したりできます。

　インバーターは、直流一二Vまたは二四Vのバッテリーの電気を交流一〇〇Vに変換する装置で、ホームセンターや自動車用品販売店などで販売されています。

　現在市販されているインバーターは軽量（定格出力一三五Wは約四〇〇g、五〇〇Wは一kg程度）で、必要なときにシガレットソケットやバッテリーに接続すればすぐ使用できます。ポータブル発電機よりも手軽です。五〇〇W出力のインバーターでも、ホームセンターでは一万円以下で売られています。

　私のインバーターは定格出力一三五Wと四五〇Wで、周波数を家庭電源と同じ六〇Hzに合わせて使用しています。

　一三五Wのインバーターは、シガレットソケットに差し込んで携帯電話やデジカメバッテリーの充電、ノートパソコン・ハンダ付け・照明などに使用。四五〇Wのインバーターは、バッテリーターミナルに接続して電動工具（ドリル・ブロワー・ジグソー等）に利用しています。

　ちなみにバッテリーは、軽トラを買ったときに装着されていた40B19Lで七年半くらい支障なく使えたのですが、交換するときに電動工具使用時の電気消費量が多いことを考慮して容量の大きい46B24Lにしました。

軽トラのバッテリーに定格出力450Wのインバーターをつなぎ、電気丸のこを使用する筆者

シガレットソケットに定格出力135Wのインバーターをつなぎ、携帯電話を充電

使い方・注意点

①インバーターは、使用する機器の消費電力より定格出力が少し大きいものを選定する。

②軽トラは一二Vのバッテリーを使っているので、直流一二Vを交流一〇〇Vに変換するインバーターを使用する。

③インバーターをシガレットソケットやバッテリーに接続するときは、必ずインバーターの電源スイッチを切って行なう。

④電気器具を使用するときは、エンジ

ンスタート後にインバーター「ON」、使用器具「ON」の順番で、電源を切るときは使用器具「OFF」、インバーター「OFF」、エンジンストップの順番で行なう。電気器具の使用中はエンジンをアイドリング状態にする。
⑤インバーターを使用する前に取扱説明書を熟読して正しい使用をする。
⑥電気器具の中には消費電力以下でも使用できない器具があるので、取扱説明書で調べるか販売店に問い合わせる。

（元徳島県農業改良普及員）

現代農業二〇一一年三月号

堆肥散布に

愛媛県四国中央市●豊岡農場

養豚・養鶏を営む豊岡農場では、三年前から軽トラ搭載型堆肥散布車を利用。農場で販売する堆肥を近くの農家の田畑にまくのに使っている。

豊岡農場の周りは、一反もないような小さな畑が多い。大型の堆肥散布機は入れないので、以前はトラックで持っていった堆肥を一カ所にドサッとダンプするだけ。追加で散布料をもらえれば小さなローダーで乗り入れて広げていたが、お金を節約するために一輪車を使って自分で広げている人も多かった。でも「歳をとって一輪車でまくのはキツイ」「一カ所にまとめておくと、そこだけイネが倒れる」などの声があり、軽トラ搭載型堆肥散布車に目を付けた。

軽トラなら小さな畑にも入れるし、ドサッとダンプすることなく均一にまけるので、農家の評判も上々。サスペンションの板バネを足して車高をちょっと高くしてやれば、少々の段差でも気にせず田畑に入れる。四駆で副変速のある軽トラなので、ハマる心配もほとんどないそうだ。

現代農業二〇一一年三月号

豊岡農場で使っている軽トラ搭載型堆肥散布車。お問い合わせは、株式会社イナダ（FAX 0875-62-5898）まで

除草剤散布に

青森県青森市●福士武造さん

福士さんは、直播イネの除草剤散布に五〇〇ℓタンクと動力噴霧機を積んだ軽トラを使用。ブームスプレーヤ付き乗用管理機を買ったら三〇〇万円くらいするが、これならタンクも動噴も使い回し。ノズルの付いた竿だけ市販の長いタイプを買ってくればいい。それに水汲み場所から遠い田んぼにもラクラク移動できる点は、乗用管理機よりも有利。

直播イネの田んぼで軽トラで除草剤を散布する

福士さんの地下かんがいの田んぼなら、排水性バツグンなので薬液をたっぷり積んでも問題なく入れる。ただし場所によってはタイヤが沈むこともあるので、できれば副変速や一速の下（ULやEL）がある四駆の軽トラを使ったほうがいい。

現代農業二〇一一年三月号

メッセージボードに

山口県田布施町●木村節郎さん

木村さんにとっての軽トラは、メッセージボードでもある。マグネットシートで「百姓木村」「お米つくってます」「山口県環境保全型農業協議会」とかベタベタ貼って自分をアピール。

すると、信号待ちしているときに「いっぺん話してみたかった」と話しかけてくる人がいたり、受託作業の仕事が舞い込んでくることも。「百姓も、何らかの形で自分をアピールせな」と木村さん。奥さんは、「恥ずかしい」と嫌がるそうだが…。

現代農業二〇一一年三月号

「百姓木村」「ECO2 百姓木村」のマグネットシートを貼った木村節郎さんの軽トラ（田中康弘撮影、＊も）

後ろのアオリではアイガモ農法をしていることをアピール（＊）

母ちゃん七人で軽トラ移動直売所

宮城県石巻市●阿部けい子

行商方式の直売所

平成十二年、県の事業で私たちの地域が五カ年の指定を受け、普及センターの指導のもとさまざまな活動が開始されました。女性を中心に転作タマネギや特産のお茶を使った染物講習会や、子供会との料理を通した交流会、直売所の見学など二年間の研修もあり、「井の中の蛙…」だった私たちも少しずつ変化していったのです。そして小さな部落の四〇～五〇代の女性七人で野菜の直売所を立ち上げることになりました。

しかし私たちの地域は、困ったことに国道や街から遠く、立地条件がよくないのです。いろいろ考えた末、昔の行商方式で、こちらからお客様の元へ足を運ぶ、それも会員七人で手分けして…といろいろ試行錯誤しながらも、いよいよ行動に移しました。

通うにつれて「心」が通じた

しかし、世間知らずのおばちゃんたちは、すぐ挫折感を味わう羽目になったのです。

見知らぬ土地で「野菜はいかがですかー、私たちが心を込めてつくった野菜ですー！」と冷や汗を流しながら一戸ずつ声をかけて歩いても「けんもほろろ～」とはこのことか、とうとう行きとほとんど変わらない野菜の山を軽

郵便はがき

おそれいります
が切手をはって
お出し下さい

3350022

（受取人）
埼玉県戸田市上戸田
2丁目2-2

農文協
読者カード係 行

◎ このカードは当会の今後の刊行計画及び、新刊等の案内に役だたせていただきたいと思います。　はじめての方は○印を（　）

ご住所		（〒　－　） TEL： FAX：
お名前		男・女　歳
E-mail：		
ご職業	公務員・会社員・自営業・自由業・主婦・農漁業・教職員（大学・短大・高校・中学・小学・他）研究生・学生・団体職員・その他（　）	
お勤め先・学校名		日頃ご覧の新聞・雑誌名

※この葉書にお書きいただいた個人情報は、新刊案内や見本誌送付、ご注文品の配送、確認等の連絡のために使用し、その目的以外での利用はいたしません。

● ご感想をインターネット等で紹介させていただく場合がございます。ご了承下さい。

● 送料無料・農文協以外の書籍も注文できる会員制通販書店「田舎の本屋さん」入会募集中！
案内進呈します。　希望□

■毎月抽選で10名様に見本誌を1冊進呈■（ご希望の雑誌名ひとつに○を）

①現代農業　②季刊 地 域　③うかたま

お客様コード □□□□□□□□□□

お買上げの本

■ご購入いただいた書店（　　　　　　　　　　　　　　　　　　　書店）

●本書についてご感想など

●今後の出版物についてのご希望など

この本をお求めの動機	広告を見て（紙・誌名）	書店で見て	書評を見て（紙・誌名）	インターネットを見て	知人・先生のすすめで	図書館で見て

◇新規注文書◇　郵送ご希望の場合、送料をご負担いただきます。

購入希望の図書がありましたら、下記へご記入下さい。お支払いはCVS・郵便振替でお願いします。

（書名）	（定価）￥	（部数）　部
（書名）	（定価）￥	（部数）　部

トラックに積んだまま帰ってくることが続き、気持ちが押しつぶされそうになりました。

しかし不思議なもので七人もいると落ち込む人と励ます人が毎回違い、声を掛け合いながら毎週出発しました。品数を増やしたり、車に「大売り出し」のノボリを立ててみたり、料理の仕方をアドバイスしたり、アイデアを出し合いながら何度も足を運びました。

そのうちお客様を連れてきてくださる方が出てきたり、遠くへ買い物に行けないお年寄りが私たちを待っていてくれたりなど、涙が出て来るようなシーンも生まれてきました。単に売る、買うだけの関係ではなく、「心」が通じてくるから不思議です。「商い」…とはよく言ったものだと思います。

いつの間にか五〇種類にも

今年で六年目になりますが、毎週金曜日の朝八時二十分までに地域の集会所に集まり、ホロの付いたトラック二台に荷を積み込み、九時頃、二名ずつ二班に分かれて出発します。石巻市内の一部と、地元飯野川の二つのコースを回ります。

それぞれのコースを回りきったら当番でない人も含め全員で集まって精算し、次回の打ち合わせをして二時半頃解散。このお茶会が継続のミソです。毎回話し合いを持つことによってお客様とのトラブルを少なくし、会員間の親睦を図る働きをしていると思います。

販売品は季節によって多少異なりますが、野菜、花、果物、味噌、漬物、惣菜、その他の加工品など、数えたら五〇種類近くもあの軽トラックに載せてあり、作り手の私たちもビックリ。

これもただ会員どうしが売り上げ金額を競うだけではなく、お客様のニーズに合わせる努力と、チームのフットワークのよさがあるからできるのだと思います。

移動直売所の体験は、これから年をとって地域の中で生きていくうえでとても大きな財産です。初めは「いつまで続くのか」と見ていた地域の人たちや主人たちも、今ではよき理解者として協力してくれています。皆さんを巻き込んでの「元気の輪」の創造です。

現代農業二〇〇七年九月号

軽トラに市販のホロ（2万円くらい）を付ければ、直売所に早変わり。取り付けも簡単なので、会員の軽トラに交替で付けて直売所にしている

軽トラの荷台には、品物が満載のコンテナを載せるだけ。1袋はだいたい100円。袋を結ぶテープの色で生産者を区別し、いくつ売れたかチェックして精算する。売り上げは1回で7万円前後。ひとりひとりにするとそれほど多くはないけれど、自分の自由になるお金が得られるのはありがたいこと

自慢の軽トラ活用 アイデア器具

取り外し簡単、力持ち
簡易クレーン

岐阜県岐阜市●安田正弘

灯油満タンのドラム缶を ラクに下ろすために

イチゴを栽培する私の両親は、冬場は暖房用の灯油を大量に使用するため、トラックにドラム缶を積んで購入に出かけていました。灯油で満タンのドラム缶を下ろすのに、父はアルミブリッジをかけ、ロープを使ってゴロゴロさせていました。ところが、ときどきドラム缶が勝手に転がります。「こんなことをしていると、そのうちケガをするのでは」と心配になったことから、トラックに取り付けられる簡単なクレーンを作ることを思い立ちました。

製作にあたって留意したことは、

①三〇〇kg以上の重量物を扱える。
②コンパクトで、簡易クレーンをつけた状態でも荷台を広く利用できる。
③取り外しが簡単。イネ刈りなどのときには取り外したい。

こんなコンセプトでした。

力持ち!「吊重郎」

とはいえ、私の家にあるのは、アーク溶接機（三・二㎜用）、高速切断機（直径三五五㎜）、卓上ボール盤（一三㎜）をはじめとした簡単な工具ばかりです。父に「そんなもん作っとらんでもええから、ほかの仕事を手伝ってくれ」と言われながら、加工できない部分はヤスリで仕上げるなどして、三〜四カ月後に一号機が完成しました。

できあがってみると、なかなか便利なもので、ドラム缶のほか、モミすり機、スギの原木、鉄骨ビニールハウスの移築、父の趣味の庭石など、今まで苦労していたものを簡単に運ぶことができました。その後、数カ所の改良を加え再設計し、現在のクレーンが完成しました。愛称は「吊重郎《ちょうじゅうろう》」です。

材料費は二万円強（二〇〇七年当時）、非常に頑丈なものになり、軽トラック（約八〇〇kg）を吊り上げたところ、ちゃんと持ち上がりました。

近所でも評判となり、「鉄骨ビニールハウス建築用に使いたい」「井戸水のタンク設置に使いたい」など、何度かトラックごと貸し出しました。

取り付け、取り外しが簡単

特長をまとめると次のとおり。

①非常に頑丈で軽量。

②重量物を安定して扱うための新設計アウトリガー。

③取り付けが簡単。鳥居に三カ所のボルトで固定。トラック荷台床面への加工は必要ないので、トラックの買い替え時に便利。

④横アオリのあるほとんどの国産トラックに取り付け可能。

⑤補助ジブ（一・五m）を取り付けることで地面からの揚程四m以上（補助ジブを取り付けたときはブームをジャッキで補助的に起伏させる）。

読者の皆さんに広く使っていただけるよう、図面を公開することにしまし

「吊重郎」の構造

（ベース部分の取り付け図）

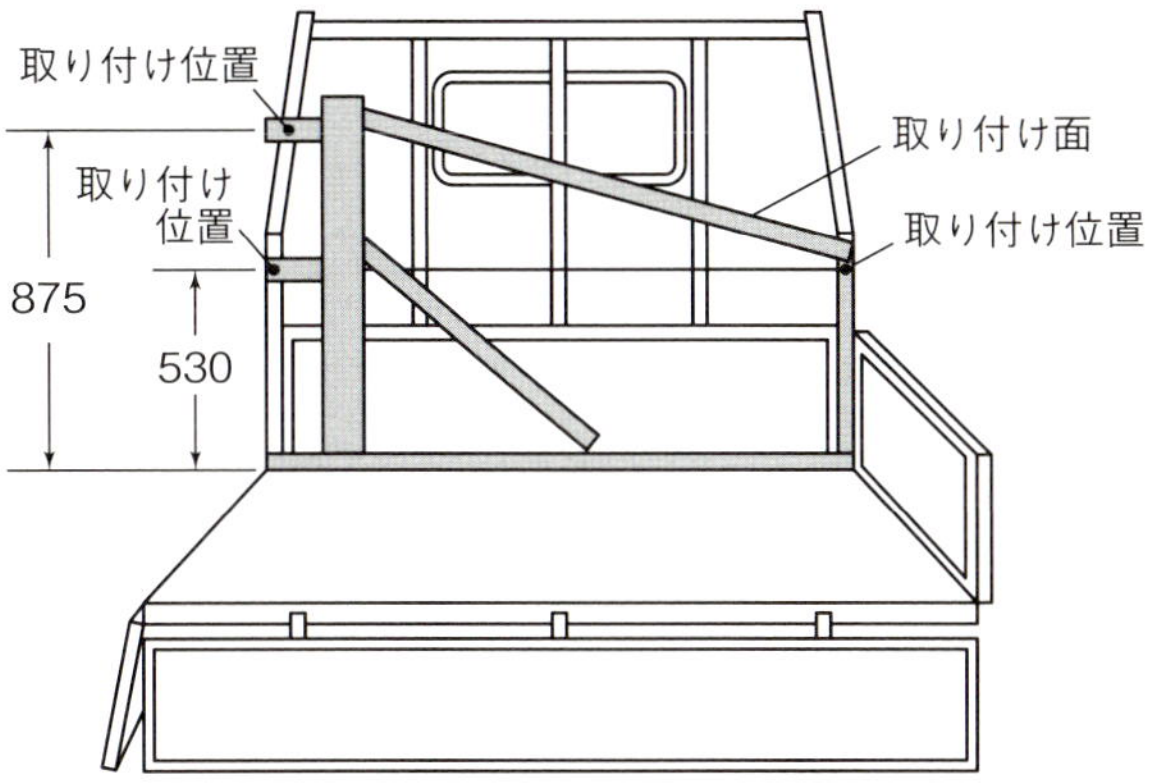

（真上から見た図）

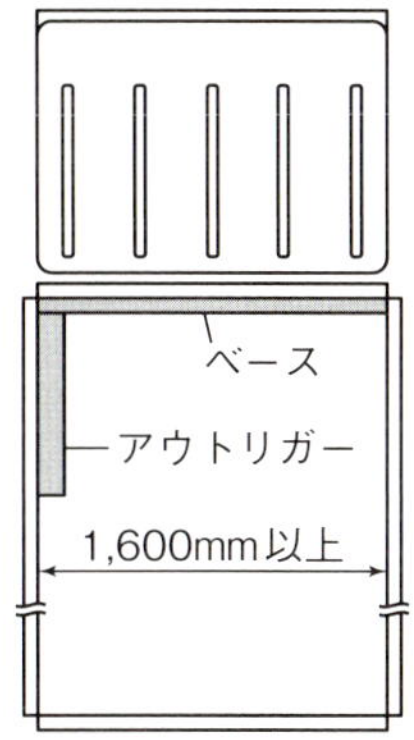

取り付けは3カ所にボルトで固定するだけ。取り付けが可能なトラックの条件は、取り付け面が平坦なこと、アオリがあること、荷台幅（アオリの内側）が1600㎜以上あること

（動作図）

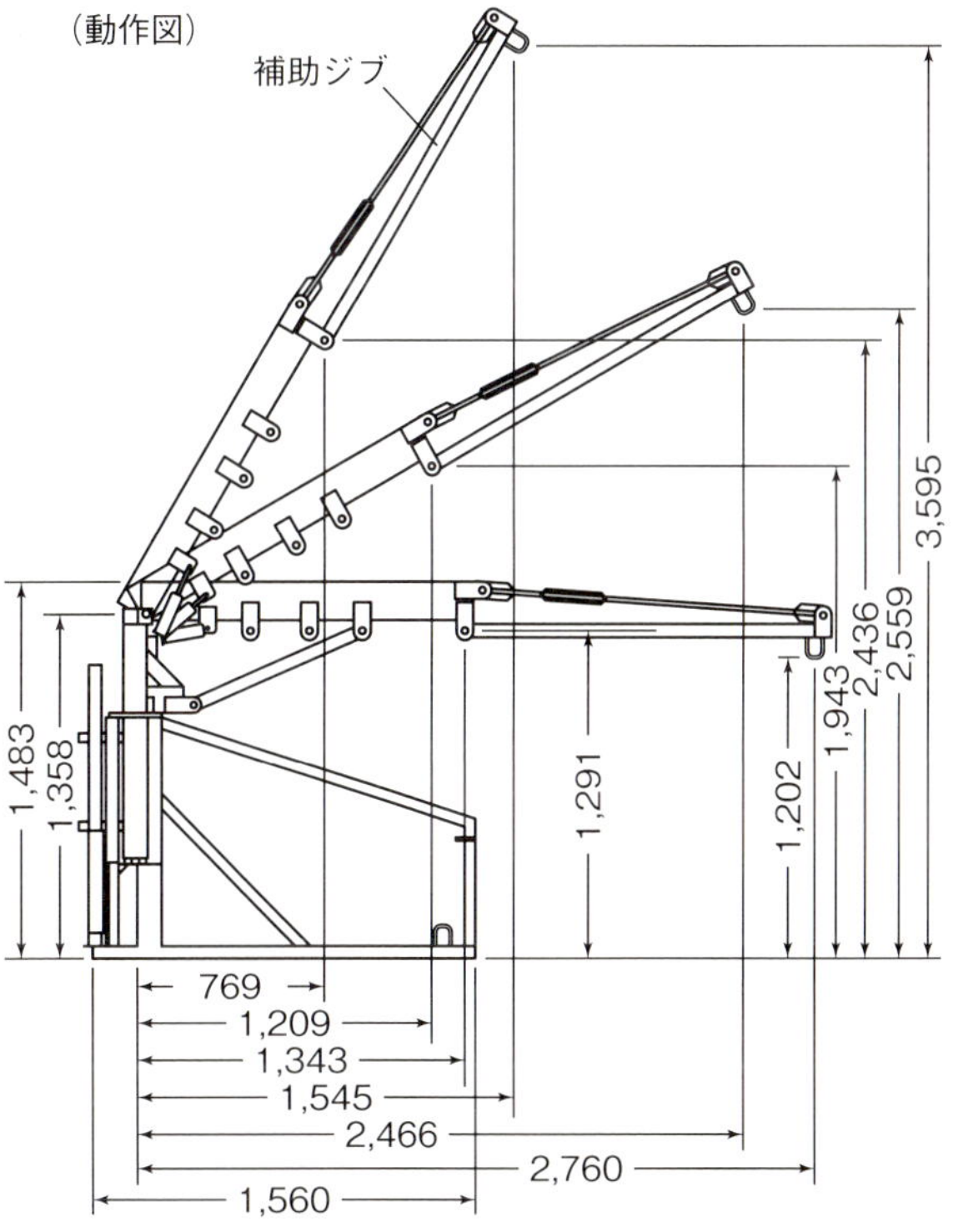

仕様

幅	1560㎜
長さ	950㎜
高さ	1483㎜
重量	本体　約100kg 補助ジブ　約10kg
吊上荷重	800kg 100kg（補助ジブ）
最大揚程	約2100㎜ 約3300㎜（補助ジブ） （チェーンブロック高さ300㎜の場合）

注1）仕様は改良のため変更することがあります。
2）特許出願済み、意匠登録（第1334133号、1334146号）済み。

た。注意事項として、五〇〇kg以上の能力の動力ホイストは絶対に使用しないこと。労働安全衛生法の「移動式クレーン」に該当するので厳しい適合審査が必要です。

基本的にご自身の利用（非商業的）のための製作は制限しませんが、製作した場合には必ずご一報ください。ホームページには、図面や部品等の入手についてさらに詳しい情報を記載しています。

（岐阜県岐阜市 http://idee-fabrik.la.coocan.jp/cyojyuro/）

現代農業二〇〇八年九月号

イノシシも発電機もハンドクレーンで軽々上げ下ろし

島根県美郷町●雨包忠東さん

雨包《あまつつみ》忠東さんは、イノシシを捕獲して肉を特産品として販売する「おおち山くじら生産者組合」メンバー。捕獲したイノシシを檻に入れて運ぶのに重宝しているのが、軽トラックに取り付けたハンドクレーンだ。

檻に付けたワイヤーにフックを掛けたら、まず、巻けるところまでクレーンのワイヤーを巻く（手巻き式）。大きな力を発揮するのはここからで、付属の三tジャッキでアームを上昇させて檻を吊り上げ、荷台に押し込む。

イノシシの運搬に限らず、発電機やシイタケのホダ木など、とにかく重いものの上げ下ろしに便利だ。米袋用には専用の台を作ってあるそうで、それに載せた米袋を一度に二袋ずつ（計六〇kg）吊り上げる。

このハンドクレーンは中国製で、軽トラックの荷台に穴を開け、付属のボルトで固定してある。「手動軽トラッククレーン」という商品名でインターネットを検索すると同様のものが見つかる。一〇万円台の値段が付いているが、雨包さんのものは数万円で入手できたそうだ。

現代農業二〇一一年九月号

手作りミニクレーンを付けた

神奈川県横浜市●塩川邦彦さん

建築工事の設計、施工管理、コンサルティングを仕事にしている塩川さんが、自分の軽トラックに取り付けて一〇年来利用しているのは、簡易・安価な自作のミニクレーン。直流一二Vの電動ウィンチで、軽トラの荷台に載る程度のものならたいていのものを持ち上げることができる。一六〇kgもある大型バイクも吊り上げることができた。

クレーンの主材は足場用の単管パイプ（鋼管）で、電動ウィンチや写真のような部品はアメリカからの輸入品。全部合わせても三万円程度で手作りできるそうだ。ちなみに、このクレーン

●材料

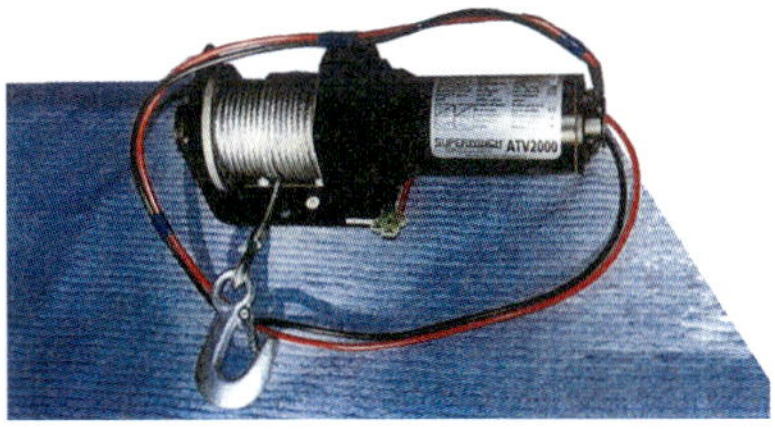

直流12V電動ウィンチ（T-1500）0.33kW、作業能力：最大680kg、ワイヤーは4㎜×7.6m

回転ヒンジと先端シーブ

各種クランプ

回転リンク

手作りミニクレーンの概要

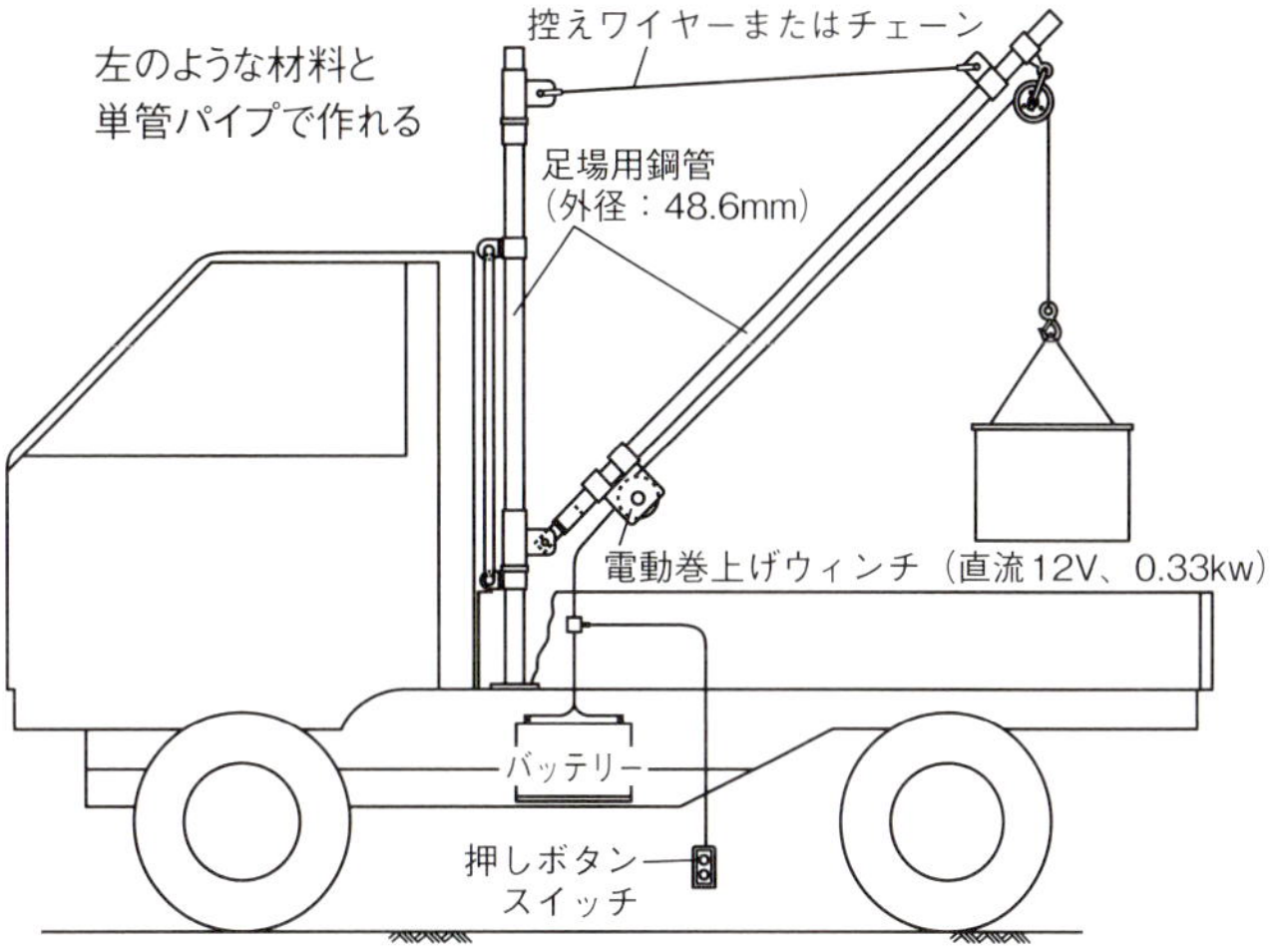

は付け替え可能で、しっかりした柱や立ち木に単管パイプを取り付ければどこでも使用可能である。

現代農業二〇一一年九月号

溝切り機ハンガー

㈱ミツル●新潟県

泥の付着した溝切り機はけっこう重いものです。まして最近の乗用タイプとなると、高齢の方が荷台に上げたり下ろしたりするのはたいへんです。その溝切り機を荷台後方に搭載することで、転倒と荷台の汚れを防ぐ便利グッズです。フレーム幅・フック高が変えられるうえ、左右のフックを入れ替えることでほとんどの溝切り機（手押し・乗用タイプとも）に対応可能です。

お客様の中には、自転車を搭載し、田んぼでの移動に役立てている方もいらっしゃいました。

なお、走行する際は必ずロープなどで固定し、速度を控えてゆっくり走行してください（公道での使用はできません）。

溝切りハンガーの構造

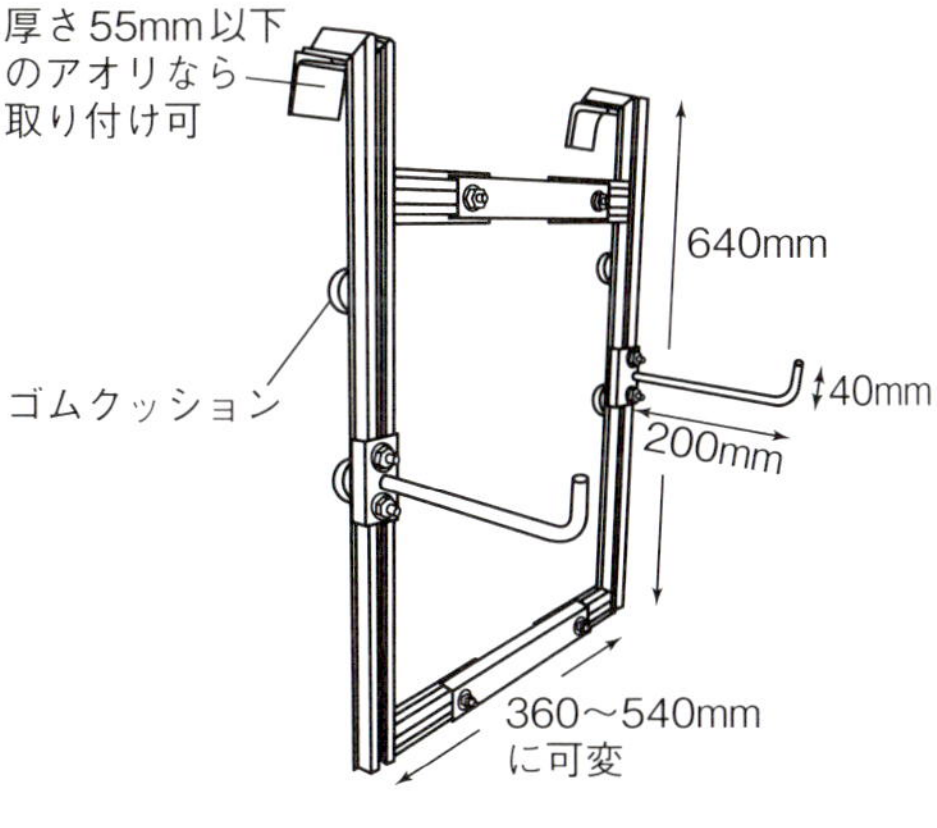

溝切り機ハンガーで乗用タイプを搭載した状態

（新潟県燕市分水あけぼの一―一―七六
TEL〇二五六―九八―六五六五）

現代農業二〇一〇年十一月号

荷台を使いやすくする枠と補助荷台

牧之原のかじや●静岡県

「わくわく君」「枠星」

「わくわく君」は、ロープやネジを使わず、簡単に取り付け、取り外しができる枠です。

軽トラックの場合、これを荷台に取り付けることで、レタス用段ボール箱が約七〇箱、プラスチック製コンテナで約四五個入ります。また、農家の間で人気があるのは、田んぼ一反分のイナワラをロープを使わずに二回で運べることです。イナワラは、以前はよく田んぼで燃やしていましたが、最近は畑のマルチなどに利用されることが増えてきました。とくに私の周辺の茶農家などでは「便利で助かる」と喜ばれています。

「枠星」も同様に利用できるほか、横が開くので荷物の出し入れがラク。とくに直売農家の間で人気上々です。

わくわく君は、荷台のあおりに差し込むだけで立てられる枠。高さ90cm（荷台から）・スチール製の軽専用。その他、高さは150cmまで、普通車・軽兼用タイプ、アルミ・ステンレス製など各種あり

おんぶ

軽トラックの荷台（アオリ）に引っかけるだけで使える補助荷台です。畑の耕耘に出かけるときに小型管理機を載せたり、肥料散布機や消毒用のホースなども載せられる軽量の荷台です。

重い物を載せるときに便利なブリッジ付きタイプと、ブリッジのないスリムタイプがあります。

なお、ナンバープレートが見えないと公道を走れないので、公道を走る場合は、ナンバープレートを移動するか、代わりになるものを掲示してください。

（静岡県牧之原市切山一三八七

TEL〇五四八―二八―〇一八一）

現代農業二〇一〇年十一月号

おんぶに管理機を載せた状態

枠星は荷台全体を覆う軽量スチール製の枠。三方から出し入れ可能。両脇をひさしのように開くことができるので、シートを付けると日差しや雨を防ぐ

軽トラダンプ＋手作りコンテナで
モミガラの積み込み・散布がラクラク

福岡県鞍手郡小竹町●渡辺龍彦

モミガラを水田に散布するのに、以前はモミすり時に袋に詰めたものを軽トラックやトレーラーで運び、手作業で散布していました。この作業をもっとラクにしようと作ったのが、写真のような軽トラックの荷台に載せるコンテナです。

製作にあたって重視したのは次の点です。まず、移動や荷台への取り付けが一人でできること。そして、モミガラが飛散しないようモミすり機から直接積み込めるようにすること。このとき空気を抜くため、コンテナ上部半面は、モミガラを入れる袋（ヌカロン）のメッシュ素材にしました。

コンテナには一度に三〇～三五a分のモミガラを積むことができます。これにより、モミすり時に袋への入り具合を頻繁に確認したり、袋の交換をしたりする作業がなくなりました。周囲に飛散するモミガラは少量で片付けもラクです。

また、軽トラックを走らせながら、コンテナからモミガラを直接散布できるので、積み込みから散布作業までをすべて一人でこなせるようになりました。

今後は、散布の際に、運転席からモミガラの散布量を調整できるようなしくみや、収納時にかさばらないよう折りたためる構造に改良することを考えていきたいと思います。

現代農業二〇一一年九月号

モミすり機のダクトを手作りコンテナへ差し込む

コンテナにはキャスターが着いているので積むのも一人でできる

コンテナの底から見た状態

荷台を持ち上げながら散布できる（車種：スバルサンバーダンプ　4WD）

コンテナは荷台にピッタリなのでピンを挿すだけで固定できる

スライド式のシャッターで散布量を調整できる

軽トラに手動ダンプを搭載

愛媛県宇和島市●坂本圓明

堆肥の運搬と投入をラクにするには…

愛媛県宇和島市津島町岩渕地区では昭和六十三年に基盤整備が完成し、二〇年間、化学肥料に頼る稲作を行なってきた。しかし、近年は地力低下による水稲やダイズの収量の減少が目立ってきていることから、なんとか地力を回復させたいと思い、畜産農家が一〇年くらい前から野積みしていた牛糞をもらい受け、田に投入することを思いついた。

堆肥を運搬し、田へ投入するには労力がかかる。そこで平成十七年十二月末に、歩行用の小さい運搬機でダンプを作った。軽トラックの荷台に乗せて運んで利用していたが、一度に一〇〇kgくらいしか積むことができず、効率が悪く使用を中止した。

その後、正月休みのあいだに考えたのが、この軽トラック「手動ダンプ」である。荷台に設置したダンプとレールは簡単に取りはずしできるので、ふだんの軽トラは本来の目的のために使える。

一度に二五〇kgの堆肥をラクラク投入

材料は鉄骨材や板、古い軽トラックの側板（あおり）、直径一五cmのゴム製車輪など。軽トラックの荷台の上に、もう一つダンプの荷台が載ったような格好だ。このダンプ荷台の下の四カ所に、計六個のゴム車輪を取り付けた。

手動ダンプのしくみは、二本のレール上に載ったダンプ荷台を、手で押してスライドさせるだけの簡単なもの。荷物を下ろすときはロックを外し、後ろに三〇cmくらい押すだけ。軽トラックの車体の後方が重みで下がるので、ダンプ荷台はそのままスライドしていく。そして、ある程度下がると、止まったところでテコの原理により五〇度くらいまで傾くように作ってみた。

一度に二五〇kgくらいの重さまで、ラクラク堆肥を投入することができる。ただ、この構造では、傾斜地で車体が低いほうをむいて止まっているとうまくいかないのが欠点。ウィンチなどで後ろへラクに引っ張れる装置を取り付ければ少々の傾斜地でも利用可能であるため、ただいま思案中である。

とくに苦労したところといえば、ダ

傾斜角度を調整するチェーン

ダンプ荷台を傾けたところ。左が筆者

ロータリの爪で作ったストッパー
荷台を傾けたときに支えるガイドもロータリ爪

ンプ荷台が五〇度に傾いたところで止まるようにすることか。ストッパーがないと、ダンプ荷台はそのまま落ちてしまう。そこで、レールの端にトラクタの古いロータリ爪を溶接して車輪を止めるようにした。また、ダンプ荷台の前部を軽トラとチェーンで結ぶことで、傾きの程度を調整した。

私は岩渕生産組合のオペレーターとして集団転作でダイズを受託栽培している。平成十八年度は、水稲栽培後にこの手動ダンプを使って堆肥を一〇a当たり九t投入し、土づくりに努めた。堆肥を数秒で下ろすことができるため、作業時間の短縮にもつながり役立った。現在は、堆肥の運搬・投入以外に客土にも活用している。

十九年度産の稲作の出来具合に大いに期待している。

現代農業二〇〇七年四月号

ダンプ荷台が傾くと矢印のようにあおりが開く（ここにもロータリの爪を利用）

軽トラックに搭載レインガンで座ったまま防除・葉面散布

山口県周防大島町●山本弘三

レインガンを購入したが…

「レインガン」という言葉を知っていますか。要は、大型のスプリンクラーヘッドだと思ってください。ノズル口からの吐出量は、毎分二〇〇〜三〇〇ℓにもなります。

この装置を使ってミカン園の薬剤散布を始めたのは、五年ほど前、愛媛果試南予分場の先生が紹介していたのを知ったことがきっかけでした。「これはいける」と思い、すぐにカタログを取り寄せました。詳しい知識もないまま注文したのは、カタログにあったもっとも小さいタイプのものです。ポンプの能力が送水量・毎分三〇〇ℓで圧力・四〜五kg／cm²、水滴の飛距離は二八m程度のもので、ふつうのミカン園であればこのくらいで十分と考えたわけです。

レインガンによる防除。毎分200 ～ 300ℓの薬液散布が可能

高吐出量、高圧ポンプの組み合わせならOK

さて、レインガンそのものは届いたのですが、実演例を見たことがありません。どのようにセットすればよいのかわからないまま、試行錯誤の日々が始まりました。動噴のポンプではまったく水量が足りない。低圧ポンプでは圧力が足らず、飛距離が出ないことがわかりました。

そこで、友人が使っている設置型の小型スプリンクラー用の高圧ポンプを借りて試したところ、吐出量が毎分三〇〇ℓ、最大圧力一〇kg/㎠程度の能力があれば、レインガンの飛距離・飛沫の状態ともに問題がないという結論に達しました。こうしてこのとき購入し、現在もわたしが使っているポンプは、永田製作所の「NAGATA ROLLING PUMP　自吸式高圧二段」にホンダの八馬力のエンジンを組み合わせたものです。

レインガン、ポンプ、エンジン、タンクを組み合わせたシステム。パレットに載せてあるので、フォークリフトで簡単に積み下ろしできる

軽トラックに座ったままラクラク防除

次に、システム全体をどう組み立てるかです。わたしのところは園内道が狭く、軽トラックに積んで散布することになるので、システム全体をできる

吐出量毎分300ℓ、最大圧力10kg/㎠のポンプ

窓の隙間から引き込んだリモコンで、吐出バルブの開閉やエンジンの操作ができる（矢印）

だけ軽量かつコンパクトに作る必要があります。トラックへの積み下ろしも容易にできなくてはなりません。

　使い勝手を良くするのに工夫してきた点は次のとおりです。

①エンジンポンプの位置を考えて、荷台上に少しでもスペースを作る。

②薬液タンクの吸水管の取り付け位置を、下方側面のドレンから取っていたのを底面に付け替え。

③吸水バルブ・吐出バルブを三方バルブに替え、かつ吐出バルブは遠隔操作ができるよう電磁弁（直流一二V用でトラックのバッテリーから電源を取る）にする。

レインガン散布方法

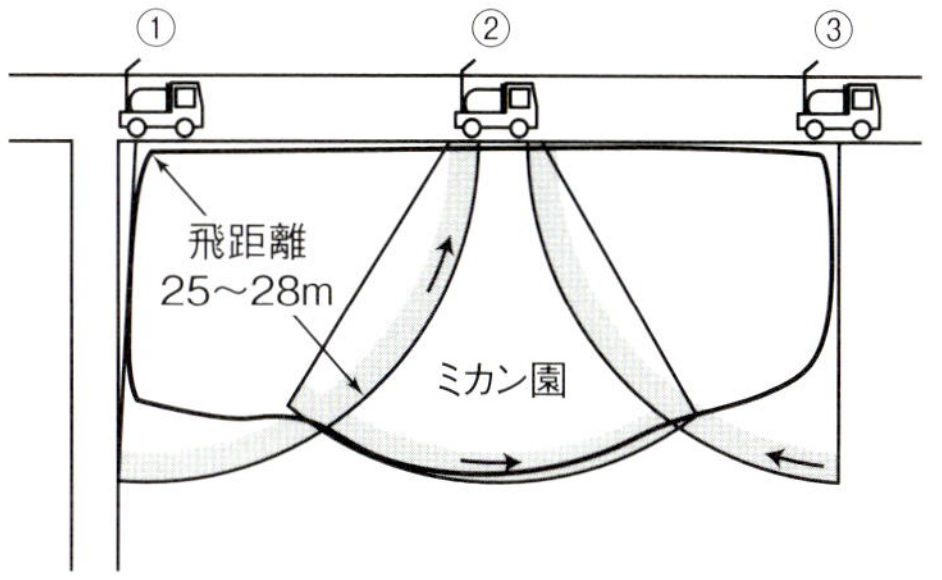

ミカン園の形に合わせて、円弧を少しずつ重ねるように移動しながら散布（矢印は散布方向）

④傾斜地での散布がしやすいよう、レインガンのスタンドを左右に傾けられるように改造。

⑤運転席で散布開始や終了の操作ができるよう、リモコン（吐出バルブの開閉、エンジンのスロットル、エンジンの停止）を取り付ける。

⑥ため池から水をタンクに汲み込むために長い吸水管を用意。

　以上のような改良を加えてできた、現在の移動式レインガン防除機の能力は次のようなものです。

　薬液タンクは六〇〇ℓ。貯水池で水を汲み込むのに二～三分、薬を溶いて薬液を調合するのに数分、ミカン園までの移動時間はそれぞれ多少違いますが、園内で六〇〇ℓの薬液を散布する時間が約三分で、一サイクルに要する時間は約一五分です。半日に散布できる薬剤の量は六〇〇ℓタンク一二杯くらいでしょう。動噴を使って手散布するのに比べたら五～六倍の能率です。

　しかも散布する本人はずっとトラックの運転席に座っていればいいので、薬液を被ることもありません。薬剤の散布は夏の暑い時期にとくに集中しているわけですから、省力と健康のためには非常に助かります。

殺菌剤の散布、葉面散布に利用

　肝心の防除効果ですが、何年かやってみて、黒点病やソウカ病、カイヨウ病などにたいする殺菌剤の散布では問題ないように感じます。しかし、葉裏まで薬液が十分に付着することが望まれるダニ剤や殺虫剤では効果が劣ると考えられます。

　一方、このごろ重要視されている液肥などの葉面散布には非常に適した装置だと思っています。準備が簡単なうえ短時間で散布できるこのシステムだと、回数をたくさんこなすのも抵抗がありません。

　わたしの使っているレインガン防除機は製作費が非常に安くすむことが利点のひとつです。現在のシステムは材料費だけなら四〇万円余りでできます。飛距離は二五～二八mですが、もっと大きなノズルとポンプを使えば四〇mでも五〇mでも飛ぶものが作れると思います。

現代農業二〇〇五年六月号

軽トラック型 軽トレーラー

ATV群馬

軽トラック型
軽トレーラー

荷物を一度にもっとたくさん運びたい。軽トラックをもう一台ほしいが維持費がかかる――。そんな悩みを解決するために、今の軽トラックを倍の積載量にしてみませんか？

必要な時、いつでも力になってくれる道具（荷車）の誕生です。一度に運べる量が増えて、必要ない時は軽トラック本体から切り離すこともできる。軽トラック型トレーラーをうまく使えば運搬作業の効率が上がり、経費削減間違いなしです（年間の維持費は、車検と自賠責保険、重量税などで一万五〇〇〇円程度）。

ダイハツ、スズキ、スバル、三菱、ホンダほか、すべての軽自動車で引くことができます（牽引装置は車種ごとに異なる）。連結はワンタッチ。トレーラー自体は、女性が自力で転がして動かすことも可能です。

実際に軽トラックで引いてみるとわかりますが、トレーラーのタイヤは、軽トラの後輪跡をほぼたどるようになっています。まっすぐ前を見て運転していても脱輪の心配はありません。なお、トレーラーはけん引免許不要、普通免許で引けますのでご安心ください。

（群馬県高崎市稲荷台町一二二―三
TEL〇二七―三七二―六八〇〇）

現代農業二〇一三年九月号

移動式休憩所 たまげたくん

㈱匠

移動式休憩所「たまげたくん」は、ある青果加工工場の増築にかかわった際に、その会社の社長から、圃場で働く人の苦労や問題点を聞いたのがきっかけで生まれました。

「圃場は職場です。職場にトイレがなくてよいの？ 休憩室がなくてよいの？ ロッカーがなくてよいの？ こんな職場環境では若い人も集まらない。農業に夢や魅力を感じる若い人がいても、職場環境が劣悪では長続きしない」

そして、数年勤務した女性従業員が膀胱炎で退社したことなどを、社長は涙ながらに話してくれました。

「たまげたくん」は、引き出して倒すだけで女性ひとりでも簡単に展開することができます。基本コンセプトとして、軽トラックに搭載する方式を採用しました。軽トラックの荷台の四倍の広さの休憩スペースが屋根付きで確保され、トイレとロッカーを装備しています。トイレは簡易水洗タイプ、ロッカーは作業者の道具・雨具などを保管するなど、さまざまな目的に利用可能です。

軽トラック本来の目的である荷物の搭載にも、運転席の上の収納スペースに加え、荷台部分にも相応のスペースが確保されています。また、別売のトレーラーに搭載すれば、圃場に牽引設置後は、軽トラックは本来の目的で使用できます。

（宮崎県都城市一万城町二一―一〇
TEL〇九八六―二四―六二八二）
現代農業二〇〇七年十一月号

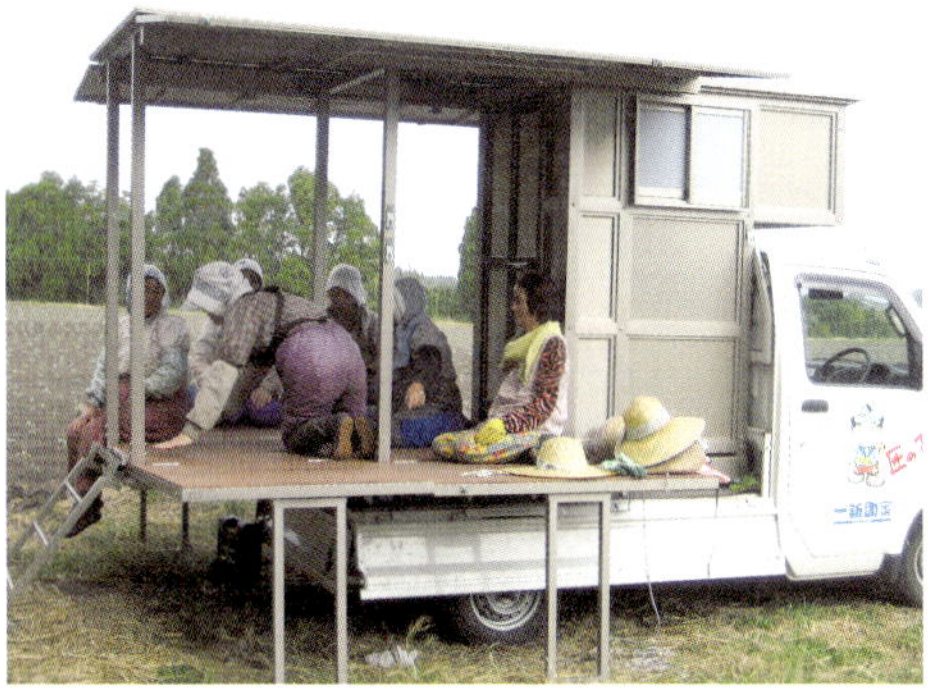

「たまげたくん」
屋根の下に軽トラックの荷台の4倍のスペースができる。トイレとロッカーを装備

収納した状態

荷台用幌
SK・ウイング
新上工業㈲

軽トラ専用幌「SKウイング」の最大の特徴は、実用新案（3150359号）にも登録された「幌の開き方のバリエーションの豊富さ」。小さな荷物は少しだけ、大きな荷物は全開で、収穫物や農機具の積み下ろしの際、威力を発揮します。また、作業の合間、日差しの強い日や雨降りには、幌の下で一服……なんてどうでしょう。農作物等の移動販売での使用にも最適です。さらに、荷台の整理棚など、用途に合わせた部品製作も承ります。

対応メーカーは、スズキ、ダイハツ、スバル、ホンダ、三菱の各社。もちろん車検適合済みです。

（愛知県刈谷市小垣江町御茶屋下五二―二四
TEL〇五六六―二一―六〇一〇
http://www.shinjo-kg.co.jp/）

SKウイング

荷台用ステップ
トラックステップ
㈱ホクエツ

田植え時の苗やその他さまざまな荷物の積み下ろしに不安定な踏み台を使用している方も多いはず。トラックステップは、トラックのアオリに引っ掛けるだけで簡単に取り付けられるアルミ製荷台用ステップです。

トラックステップTRS-1
希望小売価格 1万3000円（税抜き）

アオリ部分の厚さが五〇㎜までの各種トラックに取り付けられます（軽トラックではアオリを下ろした状態では使用できません）。踏み台は、無段階で六〇〇㎜の範囲で好みの高さに調整可能。アルミ製で軽量、収納時は踏み台部分を折りたたむことができコンパクトなため持ち運びもラクです。最大荷重は体重と荷物の合計が一〇〇kgまでです。

（新潟県燕市物流センター一―二―二九
TEL〇二五六―六三―九一五五
http://www.hokuetsu.jp/）

多用途台と荷物角当て用帯

㈱カムサー

楽台

「楽台」は、軽トラック荷台のアオリに引っ掛けて踏み台や仮置き台、作業台として多用途に利用できる製品です。用途に合わせて使いやすいよう、五cm間隔で高さが調整できます。台の奥行は三二cmなので、後部に引っ掛ければ車両全長の一〇分の一以内に収まります。幅は多種類用意し、特注にも対応します。

また、このたび奥行四七cmの折りたたみタイプも商品化しました。この製品の幅は五五cmです。

（兵庫県神戸市北区淡河町野瀬八七四―一
TEL〇七八―九五〇―九〇五〇
http://www.khamsa.co.jp/）

楽台。幅はさまざまあるが、奥行32cm×幅123cmのものと、奥行47cm折りたたみタイプがある。メッキ（金色）を施しているので腐食には強い

ステップとして利用している例

工具なしで着脱可能 収納ボックス受けスタンド

中鉢照雄●宮城県

軽トラの車内や荷台はいつもスッキリさせておきたいので、「収納ボックス受けスタンド」をつくりました。こ

のスタンドは、工具なしで荷台後方のリアゲートに取り付けられ、市販の収納ボックスを収めることができます。雨の日の買い物でも安心です。

（宮城県黒川郡富谷町あけの平二―八―七
TEL〇九〇―三七五四―一九二五）

荷台の後ろに取り付けた収納ボックス。スタンドの耐荷重は20kg。施錠もできるので安心。収納ボックスのサイズは、幅76cm、奥行36cm、高さ40cm。
＊奥行の長さは法令の範囲内

スタンドをリアゲートにひっかけた様子。工具なしで取り付けられる

軽トラ専用荷台ボックス
トラボ

山陽レジン工業㈱

トラボは軽トラの荷台にぴったりサイズの軽トラ専用荷台ボックスです。荷台に載せるだけで改造はいっさい不要。カギが掛けられ、雨・風・雪、夏場の直射日光などから大切な荷物を守る安全・安心の新商品です。全メーカーの軽トラに載せることができ、軽トラをより便利に、変身させます。大きなフタには高断熱材が組み込んであり、開閉はガススプリングで軽く開きます。材質は、FRP（グラスファイバー）で軽量、割れず錆びません。重量は約五四kgで、大人二人でわずか一分ほどで簡単に載せられ、降ろせばすぐに元の軽トラに。各部品はすべて日本製で安心です。生産物賠償責任保険（PL法）にも加入済み。

標準タイプのほかに保冷（保温）を強化した保冷庫タイプやスタイリッシュハイゼットジャンボ用タイプもあります。詳しくはホームページを。

（岡山市南区藤田二三九―一九
TEL〇一二〇―四五六―九三三
http://www.trubo.jp）

軽トラ専用荷台ボックス・トラボ（標準タイプ）

荷台用柵（枠）とステップ

㈱ナガノ

軽さく

「軽《けい》さく」は、ナガノのオリジナルアルミ合金製で、茶農家の収穫などに素早く使えるように開発したものです。トラックに細工は不要。両サイドのアオリに差し込むだけでたくさんの積載

物が運べます。ロープをかける必要がなく、作業効率が大幅に改善されます。

一つの重さが三・四kgで手軽に扱えます。両サイドに差し込む二方と後部まで取り付ける三方があります。

軽さく。二方タイプ（ZN-1850）と、三方タイプ（ZN-1850BW）がある

軽トラック用ステップ

トラックのアオリに掛けることも、アオリを倒して使うことも可能。足腰の弱い人には重宝します。上下をひっくり返して使えば背負い式肥料散布機の背負い台にもなり、腰を曲げずにラクに背負うことができます。

（静岡県牧之原市片浜一一九一
TEL〇五四八―五二―二三四三
http://www.nagano-alumi.co.jp/）

軽トラック用ステップTH-2G（570）。重さは1.5kg

上下をひっくり返してアオリに掛ければ肥料散布機の背負い台

可動式荷台 農援ローダー

JA全農京都自動車課

「農援ローダー」の開発目的は低コスト、安全、効率性です。トラックの荷台をスライド移動させることで、ふだん積みにくい農業機械等を簡単に積める画期的なシステムを実現しました。田植え機、耕耘機、管理機、野菜移植・収穫機、アゼ草刈り機、運搬車、自走式セット動噴等の運搬や荷物の積み降ろしなど活用方法はたくさんあります。

現在、お使いの軽トラック（スバル、ホンダは改造できません）を改造して使用します。荷台のスライド時間は二〇秒弱でスピーディーです。スライド移動を戻すと、従来と同様に収穫物の運搬等が行なえ、一台二役としてトラックの使用用途が広がります。

使用の際は、サイドブレーキをひいてエンジンを始動。荷台を収納位置でロックするピンを解除し、前輪浮き上がり防止のため、アウトリガーを設置します。荷台のスライドは有線リモコンで操作できます。積載した農機等は荷台にしっかりと固定のうえ運搬してください。

（京都府亀岡市大井町並河二―二―四―一
TEL〇七七一―二九―六〇六六）

現代農業二〇一一年三月号

バックホー自由自在

バックホーの基礎講座

まとめ＝編集部

「農家の土木」に便利

3t未満の小型バックホー

ひと口にバックホーといっても、サイズは300kg～800t（機械重量）まで様々ある。もともとは1953年にイギリスで生まれた建設機械だが、明渠掘りや耕作放棄地の開墾、農道の拡幅、水路の泥上げなど、「農家の土木」でも大活躍。資格も簡単に取れて、小回りも利く3t未満の小型バックホーが人気だ。価格は新品だと、機体重量1t未満が110万～140万円、1t以上3t未満が220万～350万円（販売店での実勢取引価格）。

バックホーは、アームの先端に付けたバケットを油圧で動かして、土を掘ったり、運んだりする作業が自在にできる（燃料は軽油）。ブームの上げ下げ、アームの上げ下げ、バケットの出し入れ、車体の旋回の4つの基本動作を組み合わせてバケットを操作する。

ヤンマーの「SV08」。機械重量890kg（1t未満の超ミニバックホー）写真提供＝ヤンマー建機株式会社

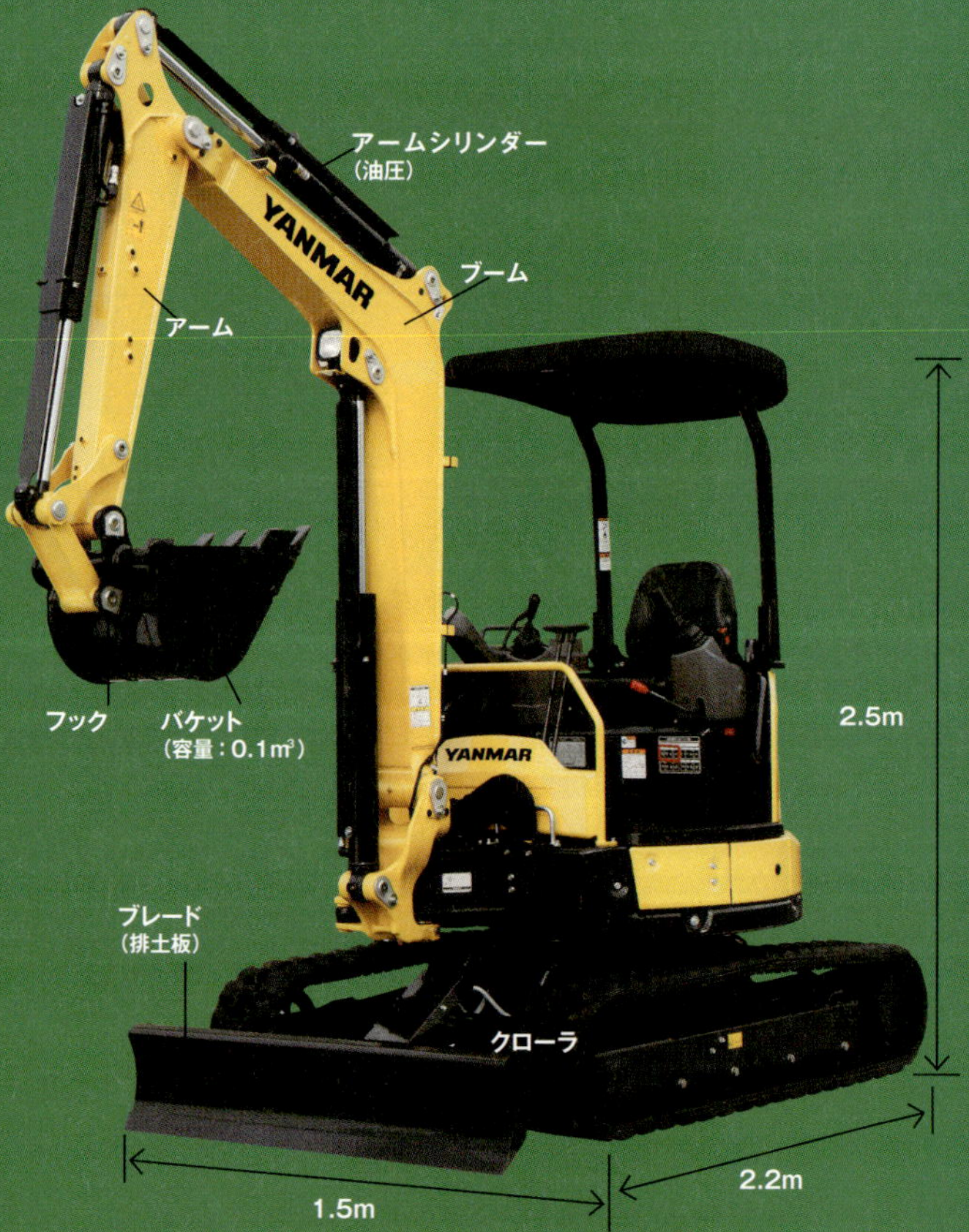

ヤンマーの「ViO30」。機械重量2980kg（3t未満のミニバックホー）

バケット交換でいろいろできる

汎用性が高い標準バケットがひとつあれば、それだけでいろいろできるが、作業によってはバケット交換でパワーアップできるのもバックホーの魅力。市販品もあるが、自分なりのオリジナルのバケットをつくる人もいる。

作業に合わせ6種類のバケット・爪を使いこなす

佐賀県武雄市●横田初夫さん

本職が造園という横田さんは、農業にも山仕事にも、愛用の小型バックホーをフル活用。よく使う「標準バケット」や爪がなくて平らな「法面バケット」以外にも、たとえばサトイモ掘りのときにアームに付けるのは「長爪バケット」。長さ30cmの4本の鉄棒（爪）で土をかき出して収穫。サトイモの皮が剥けたり、折れたりすることはない。

「トラクタに付ける専用の芋掘り機は高いし、手掘りは疲れるうえにイモを傷つける。これで一気に解決した」と、横田さんの自信作だ。

また、モミガラの運搬や積み込み作業のときは「巨大バケット」に交換。モミガラは土砂に比べ軽いので、バケットでたくさんすくったからといって、重みでバランスがどうこうなることはないという発想で、これも地元の建機屋さんに作ってもらった。既製品の標準バケット（$0.044m^3$）の10倍の容量なので、作業効率が格段に上がった。

暗渠排水工事や林道のU字溝の泥上げは、「スリムバケット」の出番。もともと45cm幅ある法面バケットを25cm幅にスリム化したもので、転作田のアゼ際に暗渠を掘るのにちょうどいいサイズ。爪がないので床掘りの際に底がデコボコにならず、平らに整形できる。

また、山の手入れでは丸太剪定枝をつかむ「クローフォーク爪」（市販品）を装着している。

長爪バケット

サトイモ掘り用に作ったオリジナルのバケット。バックホー歴15年の横田さんは三又鍬のように優しく掘り起こすので、サトイモに傷がつかない

巨大バケット

7年前から愛用しているコマツのPC18MR-3（機械重量1680kg）。オリジナルの大きいサイズのバケットは、軽いモミガラの積み込みに最適だ。逆向き（裏返し）に付けてあるので、高く持ち上げてもモミガラがこぼれない

標準バケット

爪があるので掘削だけでなく、破砕もできる

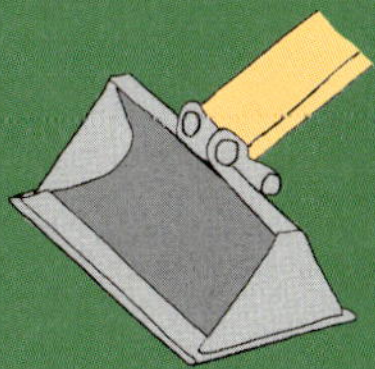

法面バケット

爪がなく底面が平らなのが特徴。砂利を敷いた道の転圧や、アゼ塗りなどに最適

バックホーの選び方と操作の基本

岡山県矢掛町●石川 大さん

バックホーで田んぼの石を掘り出す石川さん

「自分でできることは自分でやる」から始まった

岡山市内で電気店を営む石川さん。還暦を迎えた。週末には、岡山市から車で一時間足らずの距離にある実家に帰って農作業にいそしんでいる。一〇年ほど前までは、石川さんのお父さんが実家の田畑を守ってきたが、お父さんがお年を召され、石川さん自身が農作業を担うことが多くなった。

石川さんは、生粋の技術者だ。電気通信工事担任者、第一種電気工事士など、一〇を超える資格を持っている。そんな石川さんのモットーは、「自分でできることは自分でやる」。バックホー購入のきっかけは、一九九六年に実家の近くに新居を建てたことだった。もともと畑だった土地を均して家を建てたため、家のまわりは庭と呼ぶにはあまりにお粗末。自分で整備しようと思ったが、人力では気が引けた。そこで思いついたのがバックホーだ。

購入、売却にはインターネットを利用

購入は、重機の修理に詳しい知人から。九〇万円を切る価格で手に入れた。機械重量二・五tクラス（注）でこの値段は格安だ。もともとかなり使い込んであったそのマシンを、さらに使い込み、四年前に買い替えた。それが、今も使っている三菱ＭＭ２０ＣＲだ。こちらは機械重量二・一t（機体重量一・六t）。中古車販売や車の修理を営む息子さんがインターネットで探し出し、自ら運んできた。購入価格は一〇〇万円強。ちなみに、初代のバ

（注）機械重量とは、機体と作業装置（ブーム、アーム、バケットなど）、燃料類の重さを足した重量。機体重量とは機体のみの重量。作業部分と燃料類の重さは含まない。

ックホーは、石川さんご自身のウェブサイトから購入希望者を募り、三五万円で売却したという。今や、重機もインターネットで売買できる時代だ。

選ぶ際に注意すべきは…

石川さんから聞いたバックホーを選ぶ際の注意点は六つ。①油圧系統、②機体の形、③機体重量、④クローラ（キャタピラ）の素材、⑤新しさ、⑥操作方式だ。

①油圧系統…バックホーは、動力の伝達をすべて油圧で行なっている。油が漏れていないか、油を送るホースが傷んでいないかなど、油圧系統に問題がないかは入念にチェックする。インターネットでの購入の場合、メールや電話での状態確認はもちろんだが、最後は現物チェックが欠かせない。

②機体の形…機体の形は、角のない丸いタイプのものが石川さんのお勧めだ。バックホーを運転していると機体を旋回させることが多いが、その際機体が角張っていると、その部分がものにぶつかって旋回できなかったり、場合によっては人を巻き込む事故につながったりすることがあるからだ。

③機体重量…機体重量は、三tが一つの目安。三t以上か未満かで、必要な資格が変わってくる。三t以上の場合は、「車両系建設機械運転技能講習」の「技能講習」、三t未満の場合は、同じく「特別教育」の受講が必要となる。これは、労働安全衛生法の規定による。前者は、五～六日の講習で一〇万円弱、後者は二日で一万五〇〇〇円前後というのが相場だ。

なお、私有地内での私的利用の場合、厳密にはこの資格は不要だが、作業に事業性が認められる場合は資格が必要だ。「事業性」の有無の分かれ目はグレーな部分もあるようだが、購入やレンタル時に修了証（写真）の提示を求められることが多いことに加え、特殊な機械を予備知識なく操作することの危険性も考えると、受講しておくことが望ましい。

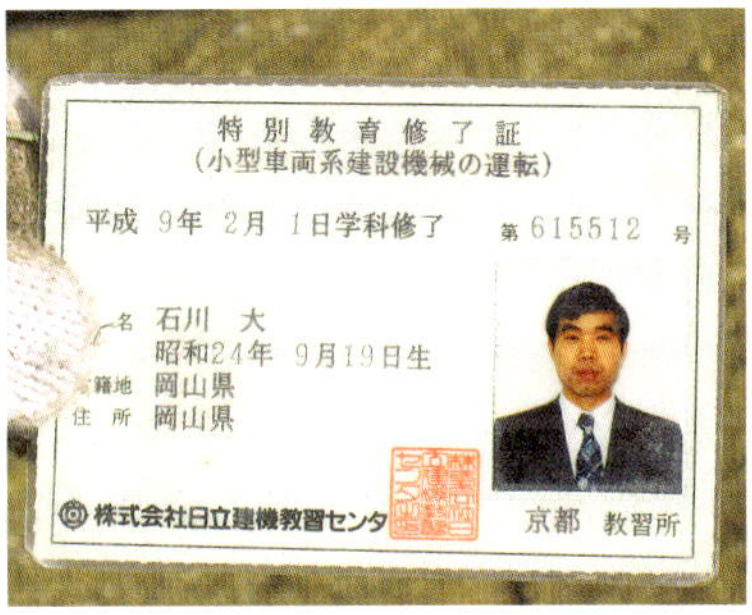

小型車両系建設機械3t未満の特別教育修了証

④クローラ（キャタピラ）の素材…多くのバックホーの足回りは、クローラだ。クローラは、鉄製のものとゴム製のものがあるが、石川さんのお勧めはゴム製だ。鉄製のほうが価格は安いが、硬い路面には適さない。

⑤新しさ…できるだけ新しいものを買うのも大事なポイントだ。丈夫さ、修理のしやすさ、操作性、いずれの面でも新しいもののほうが優れている。予算の制約の中で、少しでも新しいものを選ぶのが手堅いといえるだろう。

⑥操作方式…操作方式は、主なものでＪＩＳ方式とコマツ方式の二つがある。講習ではＪＩＳ方式で教えているところがほとんどのようなのでＪＩＳ方式を選ぶのが無難だろう。買い替えのときなどは、自分が慣れた操作方式が使えるかどうか、初期設定とともに方式の切り替えが可能かどうか確認しておきたい。

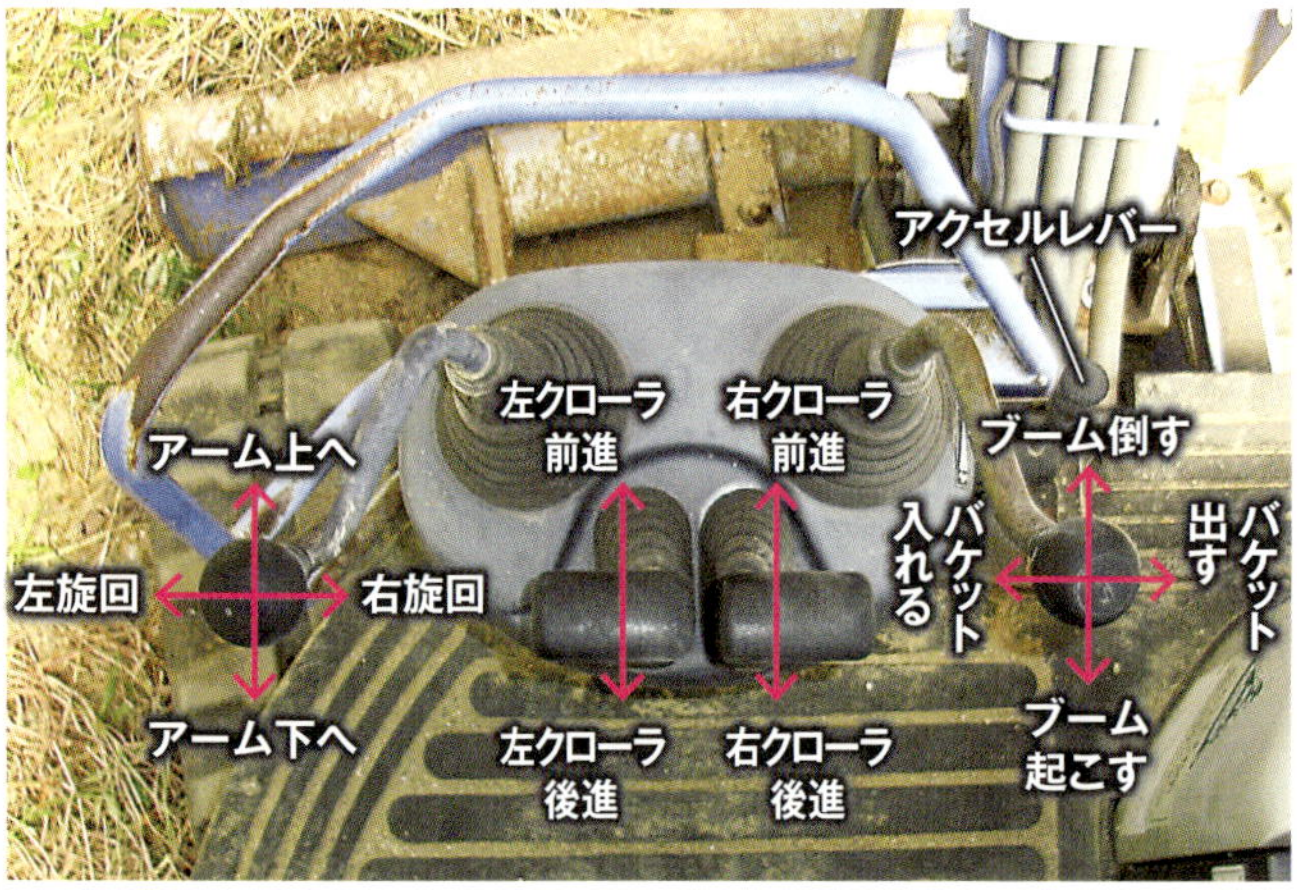

三菱MM20CRの操作盤（JIS方式）

左レバーでアームと車体の回転を、右レバーでブームとバケットを操作。アームとブームの操作方法が一見反対のように感じるが、バケットをどう動かすかという基準で考えるとわかりやすいとのこと。右レバーを左へ動かすとバケットで土をすくったり掘ったりできる。中央の二つのレバーで左右のクローラが駆動

アームを上げた状態

アームを下げた状態

手足のように
バケットが動く

冒頭の写真は、田んぼの中にある石を取り除く様子を収めたものだ。石川さんの実家の周辺は岩の多い地形のようで、田んぼのへりの部分にあった石が耕耘機にぶつかるのが気になっていたという。そのときの様子を形容すると、石川さんはまさしく「手足のように」バックホーを操っていた。聞けば、「バケットをどこに持っていきたいかだけを意識している」とのこと。もちろん、使い始めた当初は考えながら操作していたが、「操作に力もいらないし、慣れれば誰でも使える」ということだ。

このようにバックホーを駆使して、石川さんは暗渠や水路を自前で作り上げた。田畑の整備にはとても重宝しているという。

（取材・萱原正嗣）

現代農業二〇一〇年一月号

圃場整備は自分でできる！①

バックホーのコツと3枚の田を2枚にするやり方

山口県田布施町●木村節郎

愛用のバックホー mm35（3t クラス）でアゼを押し固める筆者

筆者

冬の仕事は地域の田んぼ直し

私の冬の仕事は、田んぼの改修やら進入路の整備だったりする。自分の土地はもちろんのこと、わが田布施の人たちの土地も引き受ける。農閑期のアルバイト感覚で、バックホーやダンプがないとやれない仕事を安い手間賃で行なうのだ。

　とくに作業受託している田んぼは、次に自分が仕事するときにやりやすいよう排水工事やマチ直し（狭い田んぼをつなげて広くする）等を地主さんに提案して、必要経費だけ出してもらってやったりする。田んぼの進入路も、広げて軽トラを停められるようにしたり、傾斜が緩くなるようにしたりする。

　これらをするとしないとでは、作業の効率がうんと違ってくる。それに自分だけじゃなくて、地主さん、あるいはほかのオペレーター、ひいては子供たちの代まで地域のみんながその恩恵を受けられる。

　だいたい地域の農地も土地も、もともと個人でつくり上げたものじゃないはず。それなのに自分の持ちものとかいうのも変なもの。他人の土地でも、そこをお守りする感覚でいる。それに土地は、うまく使えば二倍三倍働いてくれるのだ。

イネのため、自分のために整備する

　整備してない田んぼだと、水回りとか草刈りとかの管理費用もバカにならない。人件費をコスト計算すると、一〇a当たり一五万円くらいかかる。戸別所得補償でそれくらいガッポリもらえるようになればいいが、まずあてにはできない。作業は実際、たいへんだ。

　でも自分で整備すれば、自分が作業しやすいようにできる。イネつくりをメインに考えた整備ができる。土建屋に任せたのでは、とうていイネつくりのことまで考えてはくれないだろう。

　たとえばイネのためには、表土（肥土）を大切に扱うことが重要。マチ直しするときも、表土と盤の下の土とを混ぜてしまわないようにする。

　あと、土が水を含み、機械で入ると練りまわしてしまいそうなときは、無理に仕事をしない。やってしまうと、必ずあとから水を呼ぶ田んぼになる。湿田の多いわが田布施では、「困ったもんだ」となってしまう。土は生きものなんだって感覚を忘れてはダメ。

まずは
バックホーの使い方

バックホーがあれば、たいていのことができる。使い方も覚えるのは簡単。1週間やれば、誰でも箸を使うみたいな感覚で自在に扱えるようになるヨ。ただし田んぼでは、盤（表土と心土の境目）を壊してしまうと後々ぬかるみやすくなったりして厄介。バケットの底と背をうまく使うこと、なるべく無駄な動きはしないことがポイントだ

その1 土をはぎ取るとき…

一気にたくさんの土を取ろうとせず、あくまで盤と水平にバケットを動かす。
常に盤を意識しながら作業しよう

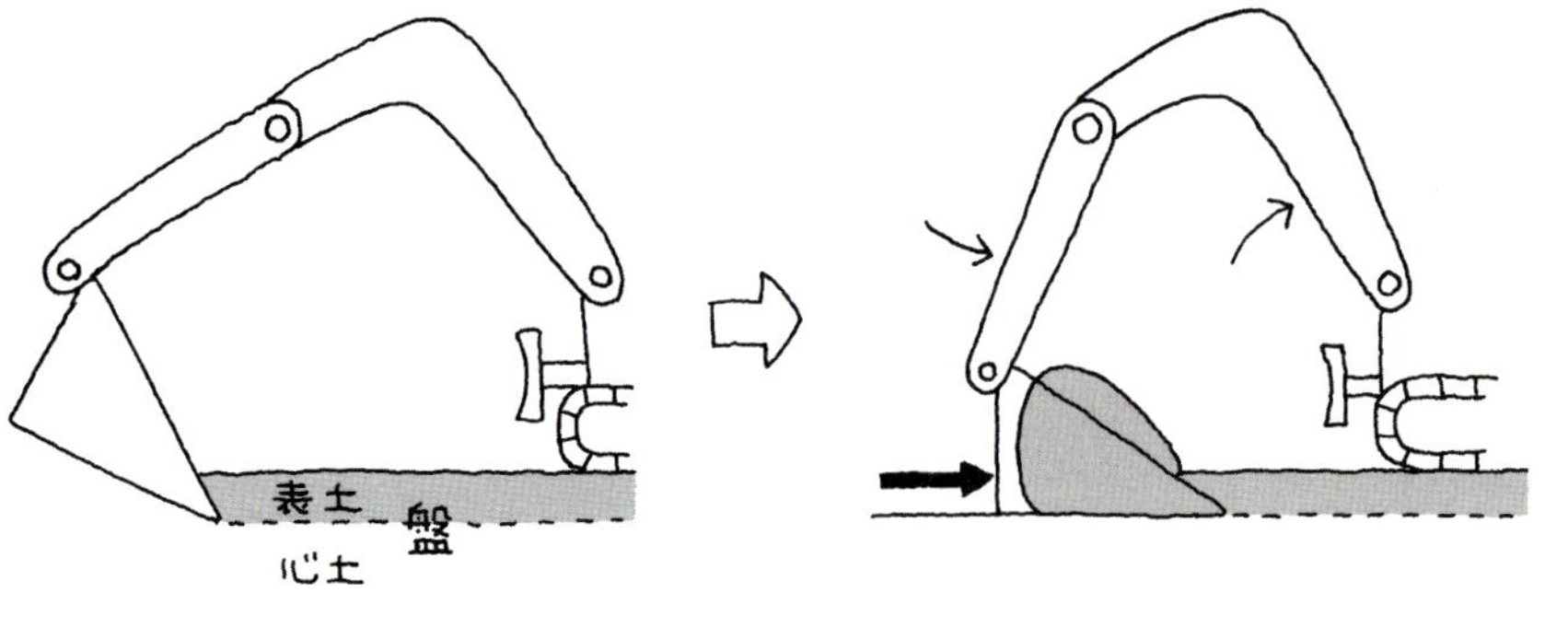

①盤の深さまでバケットを刺したら…

②バケットの底で盤を水平になでるようにして手前に引く

その2　土を下ろすとき…

作業中は、なるべく動き回らず1カ所で集中してやったほうが盤を傷めないし、効率もよくて自分も疲れない。だから土を下ろすときは、山を平らに均しながら同じ場所に次々積む

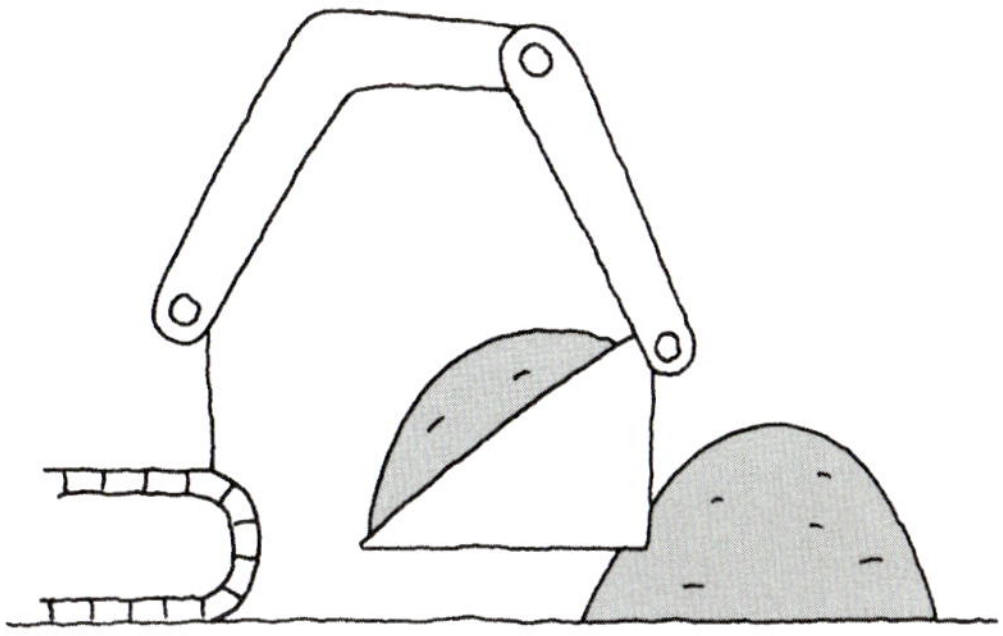

①土を下ろした山の手前から

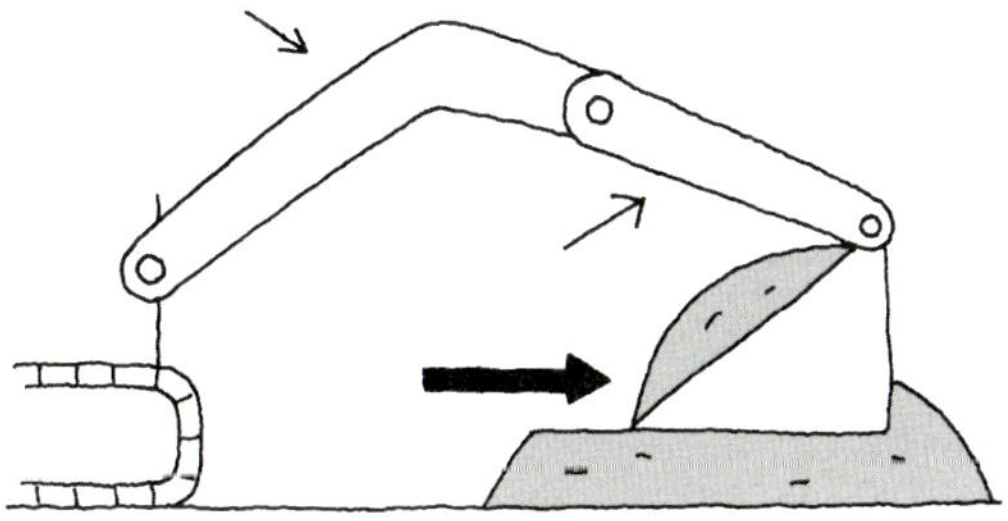

②バケットの背で土を押して平らに均しながら…

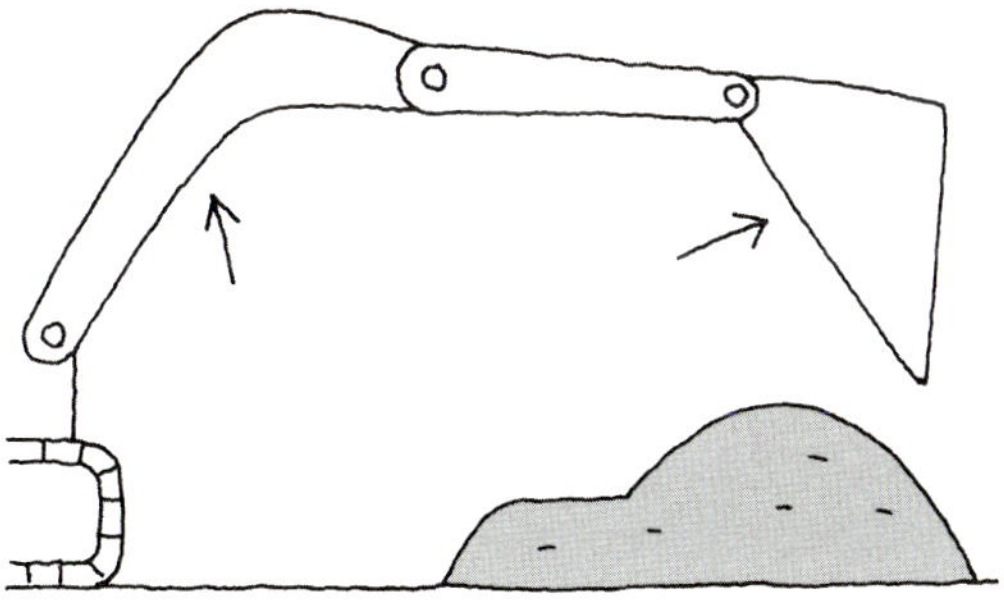

③バケットを上げて土を下ろす

バックホーの構造

※写真は筆者ではありません（萱原正嗣撮影）

その3 土を移動するとき…

土を移動するときは、ブレードで押さずにバケットで運んだほうがいい。
とくに土が多いときは、ブレードで押そうと踏ん張るほど盤が荒れてしまう

その4 土を均すとき…

均すときも、バケットを使うのが基本。ブレードで均すのは、簡単なように見えて結構難しい。あと、ただ均しただけだと土のゆるいところはあとで沈む。必ずバケットで叩いたりクローラで踏んだりして、土を押し固めておくことが大切

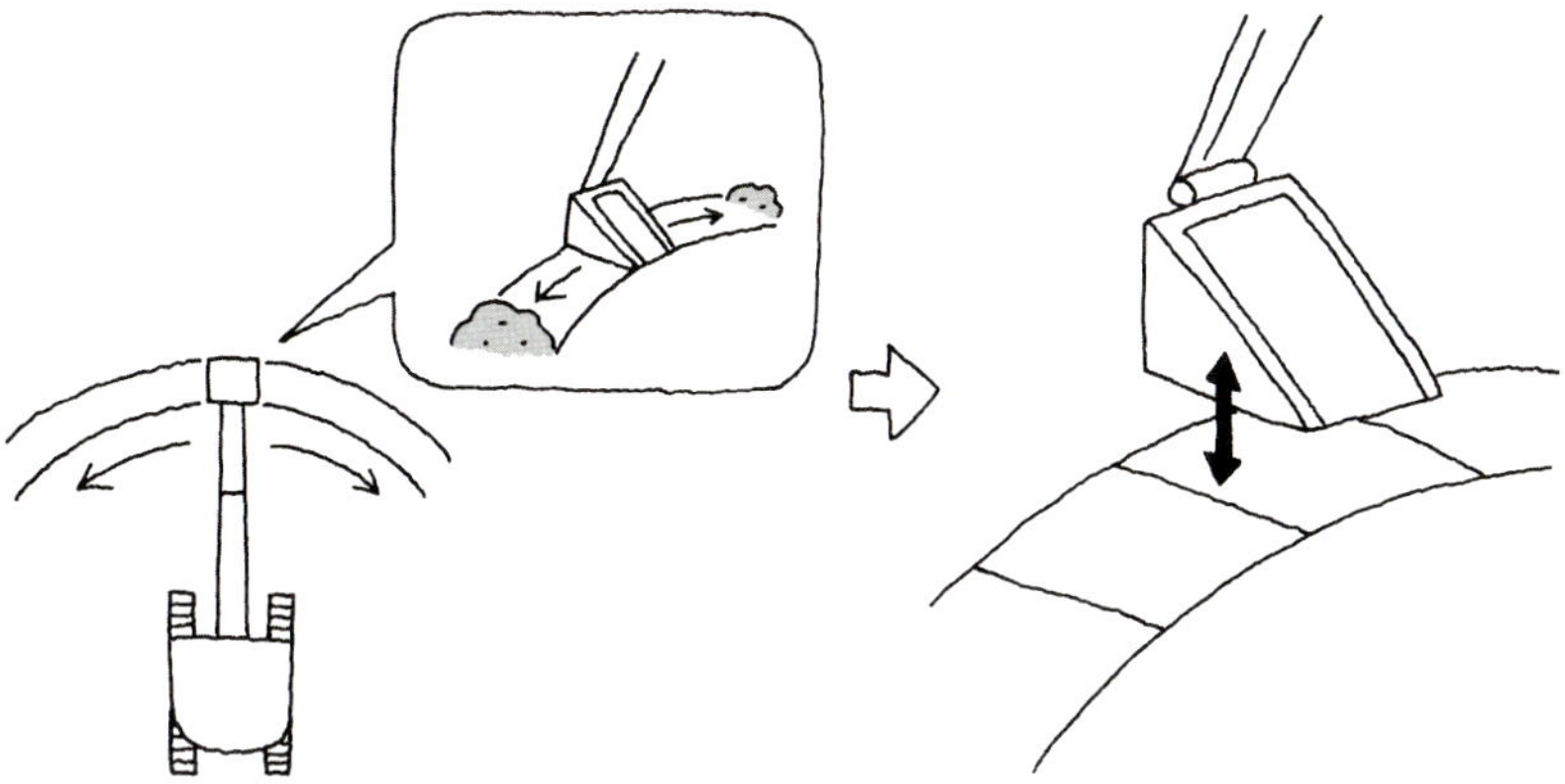

①バケットの底と地面との水平を保ちながら左右に振って、デコボコをだいたい均す（上から見た図）

②一通り均したら、バケットの底でドコドコ叩いて土を固める。最後にバケットを上げたまま走り回ってクローラで地面をさらに踏み固める

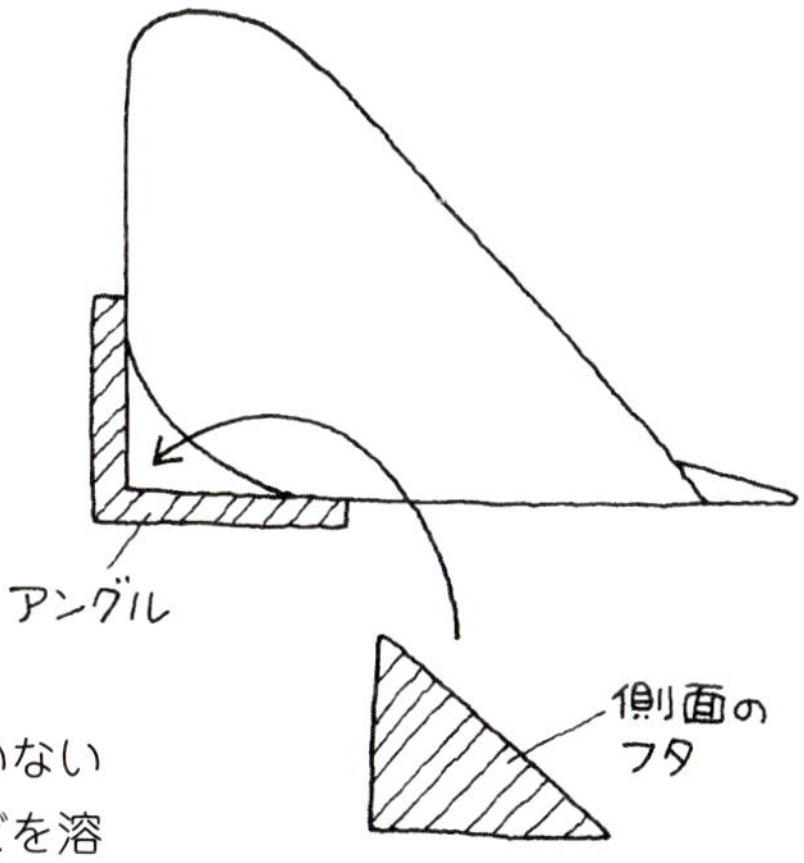

角がない普通のバケットしか持っていない場合は、バケットの底にアングルなどを溶接して角を作る。底は普通に使っていても傷みやすい部分なので、補強にもなるヨ

無理なくできる、
イネの生育も乱れない
簡単マチ直し

1haの大区画圃場を造ったりするのは難しいけれど、今ある田んぼの盤を基準にして少し広げるくらいなら誰にでもできる。たとえば下の田んぼ。3枚で17aしかないとはいえ、1枚にまとめてしまうのは田面の高さが違いすぎるので技術的に難しい。でもAとCの田面を基準にしてBを2つに分け、2枚にするくらいの工事なら簡単にできるヨ。これだけでも、機械作業はもちろん、水回りも草刈りもだいぶラクになる

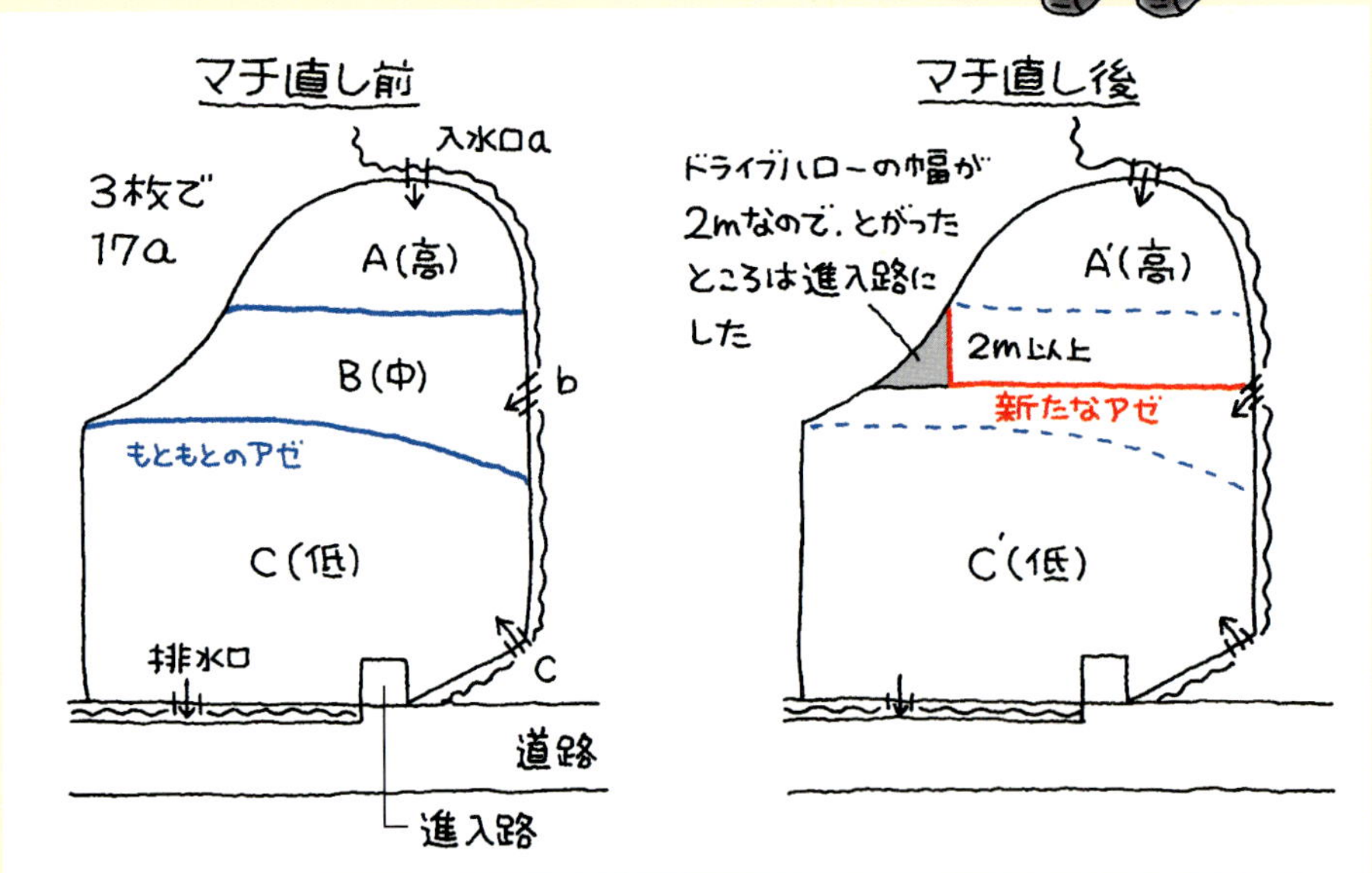

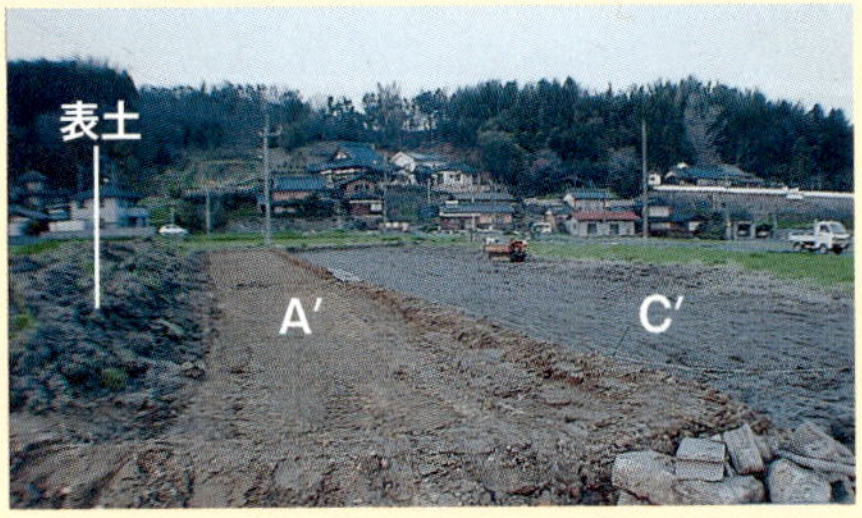

C'の表土を戻したところ。A'は盤の土が見えている状態なので色が違う

3枚を2枚にする

①

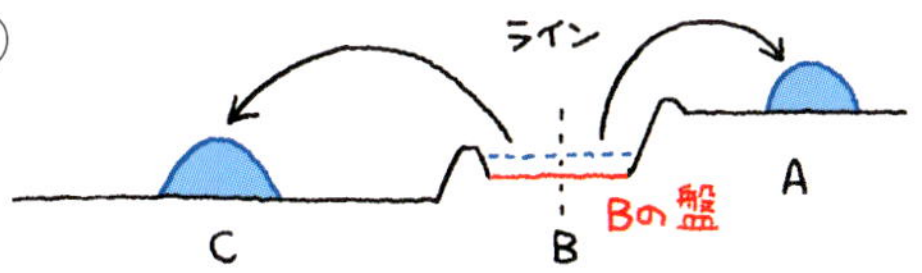

おおよそのラインをもとにBの表土をはぎ取って、AとCに振り分ける

②

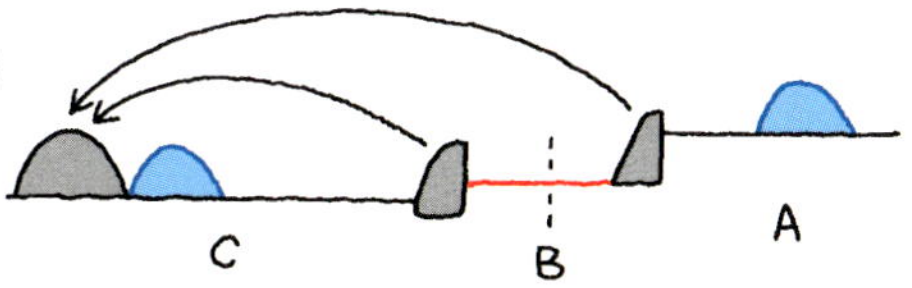

アゼの土をCの田んぼにまとめておく

③

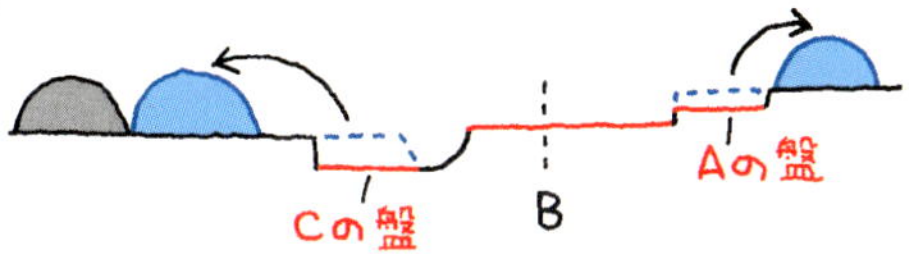

AとCそれぞれの表土を一部はぎ取って盤を出す

④

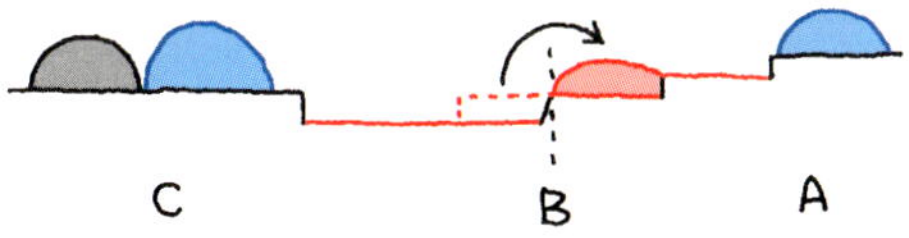

ラインに沿ってBの盤をCの盤まではぎ取り、A側に載せる。最初はAの盤より高くなるように積んで、あとでバケットで叩いたりクローラで踏んだりして均す。それでも新たに造った盤はあとになって沈んでくるため、やや高めに仕上げるくらいでいい

⑤

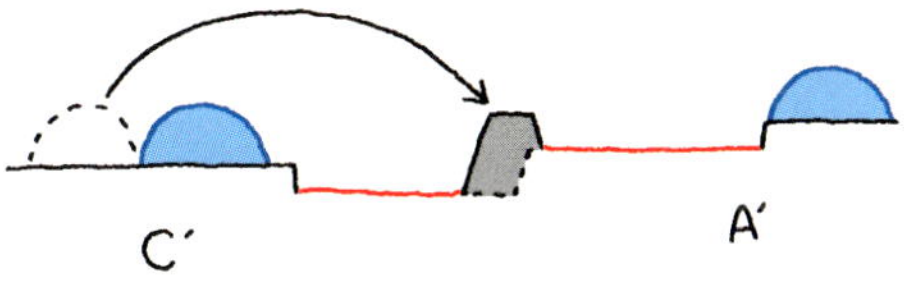

2〜3度雨に当てて土が締まったら高さを整え、アゼを作る

⑥

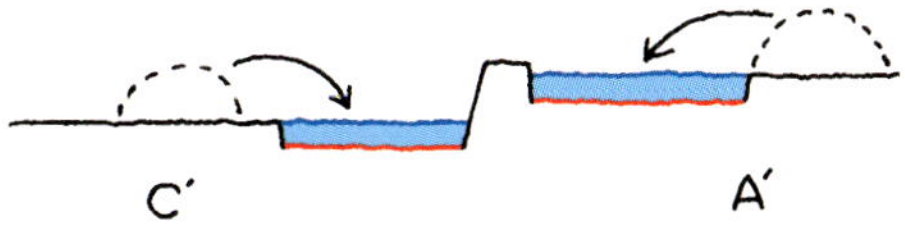

表土を戻して平らに均したらできあがり

アゼを作る

アゼは、土を押し固めながら高めに盛り、バケットで切り出して形をつくるのが基本。土の盛りが足りなくてあとから付け足すようだと、形はできても強度が弱くなる

▼まず踏み固める

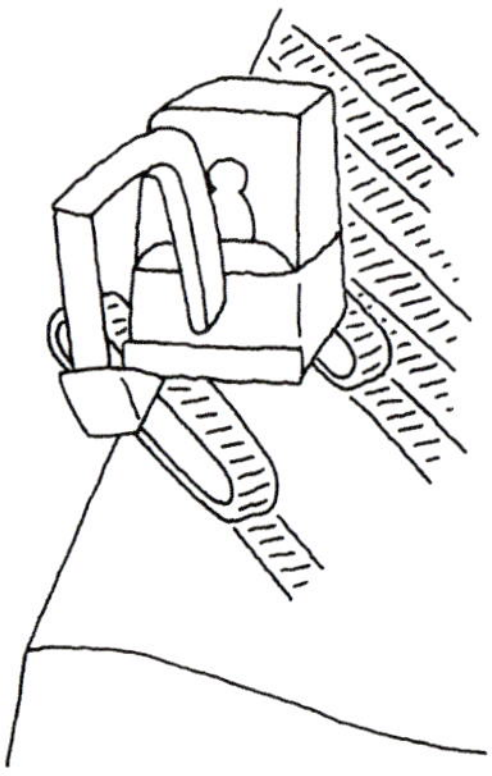

①アゼ用に盛り上げた土の上を、アゼと直角よりやや斜め方向でアゼの向こうにクローラが半分出るような気持ちで走り、踏み固める

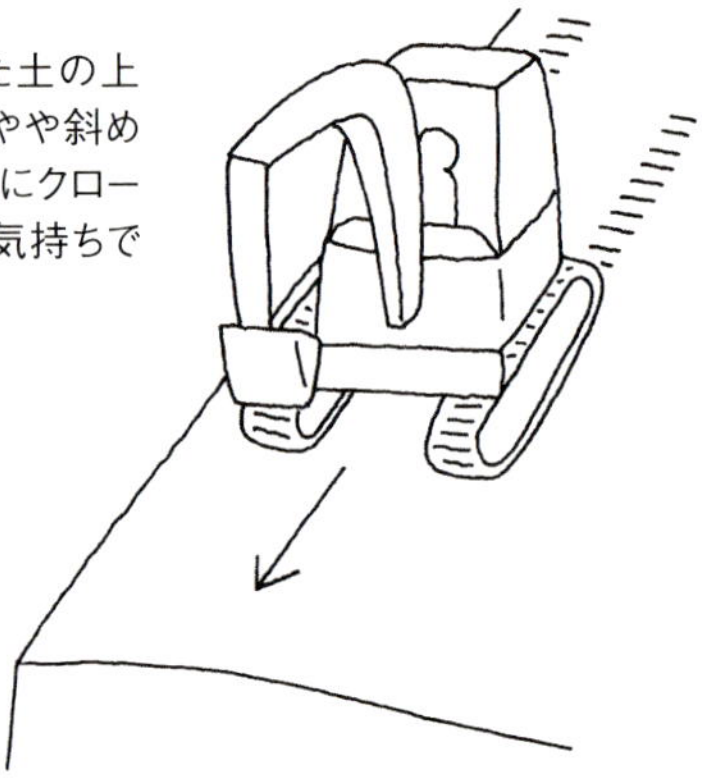

②一通り①が終わったら、アゼと平行方向に踏み固める。土を盛っては①②を数回繰り返して踏み固めながら高くしていく

▼次に形を作る

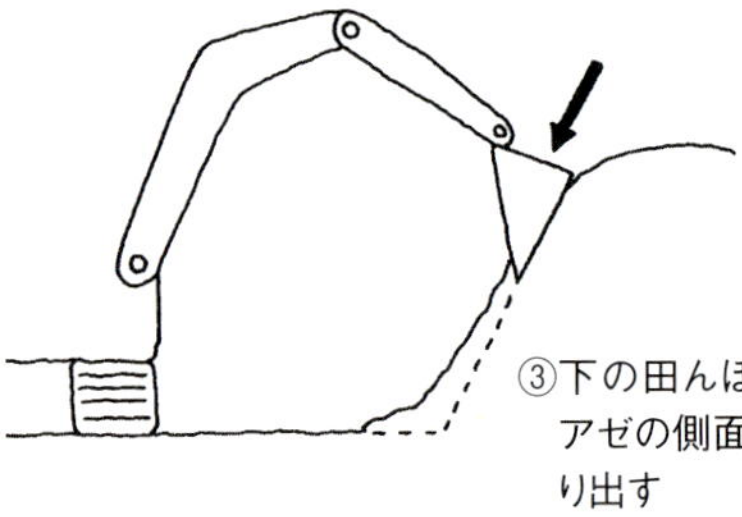

③下の田んぼからアゼの側面を切り出す

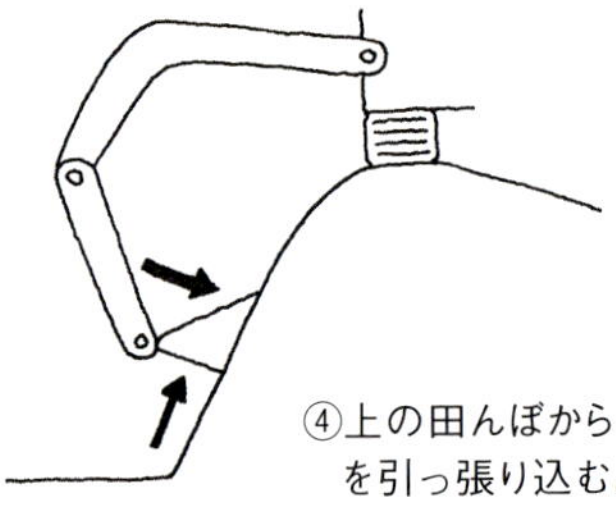

④上の田んぼからバケットを引っ張り込むようにして圧力をかけて、押し固めながら上にずり上げる

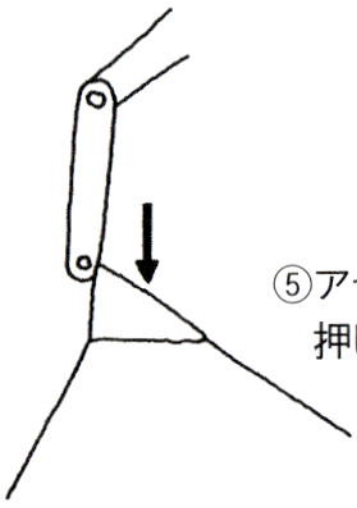

⑤アゼの天井を押し固める

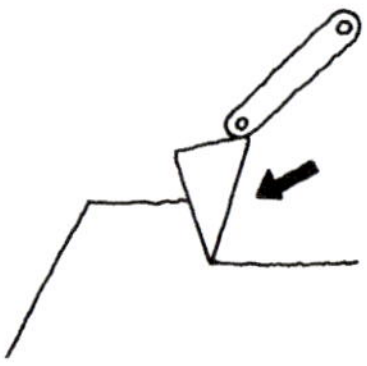

⑥もう一方の側面を押し固めてできあがり

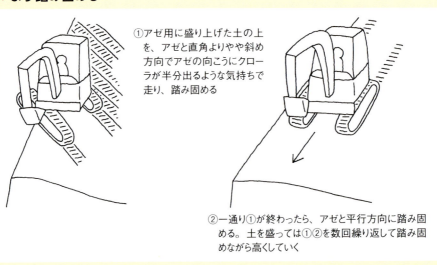

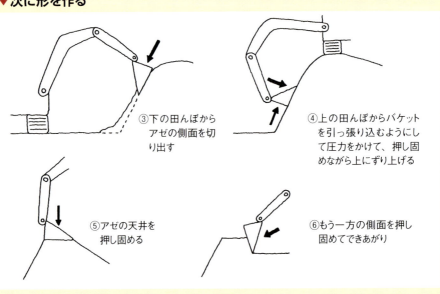

高低直し

いくら田んぼを広げても、水平にできなければ意味がない。これも特別な機械は不要。バックホーと市販のオートレベル（ホームセンター等で２万円程度で買える）をうまく使えばできる

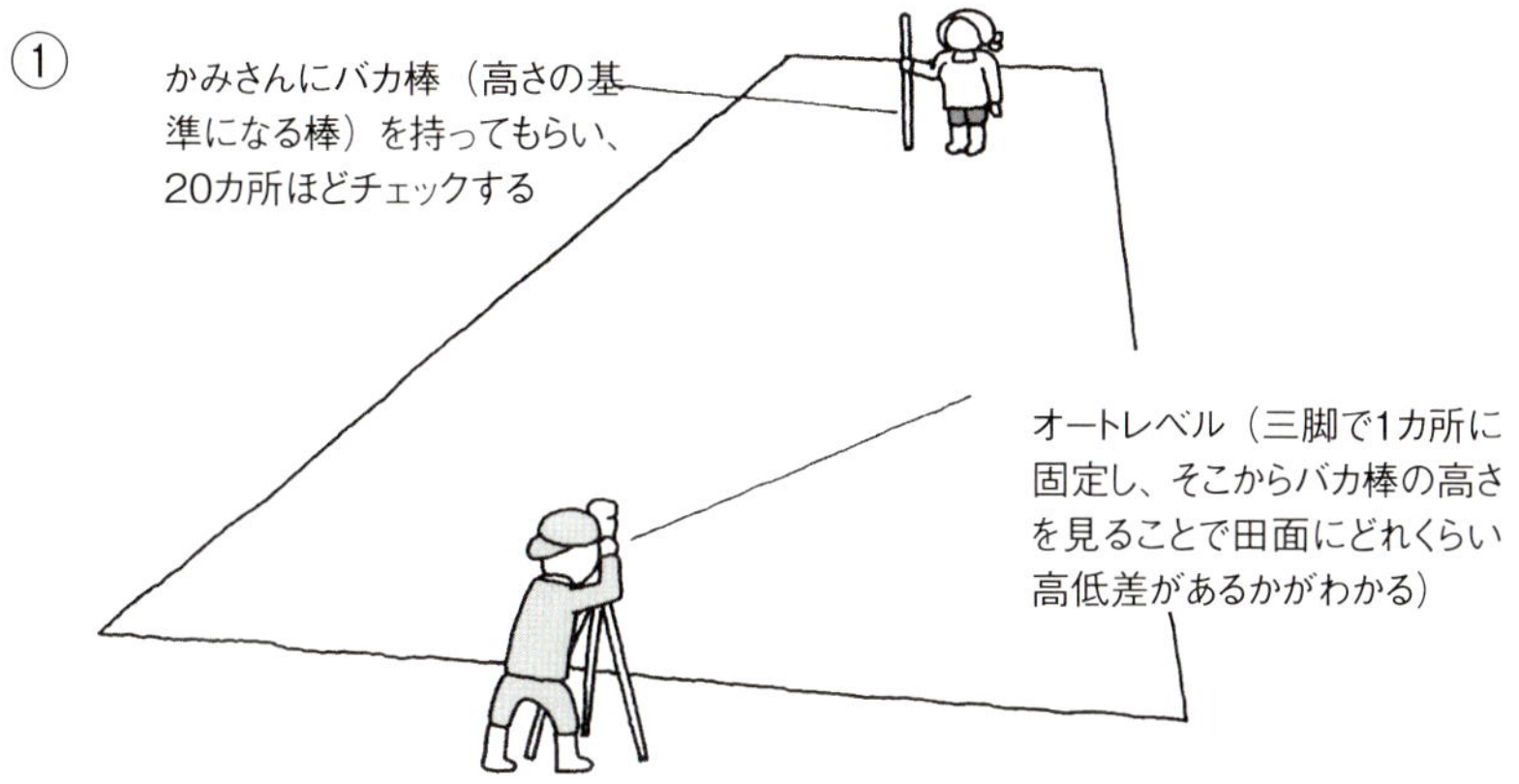
①
かみさんにバカ棒（高さの基準になる棒）を持ってもらい、20カ所ほどチェックする
オートレベル（三脚で1カ所に固定し、そこからバカ棒の高さを見ることで田面にどれくらい高低差があるかがわかる）

オートレベルで高さをチェック。
どこが何cmくらい高いか、あるいは低いかを記録しておく

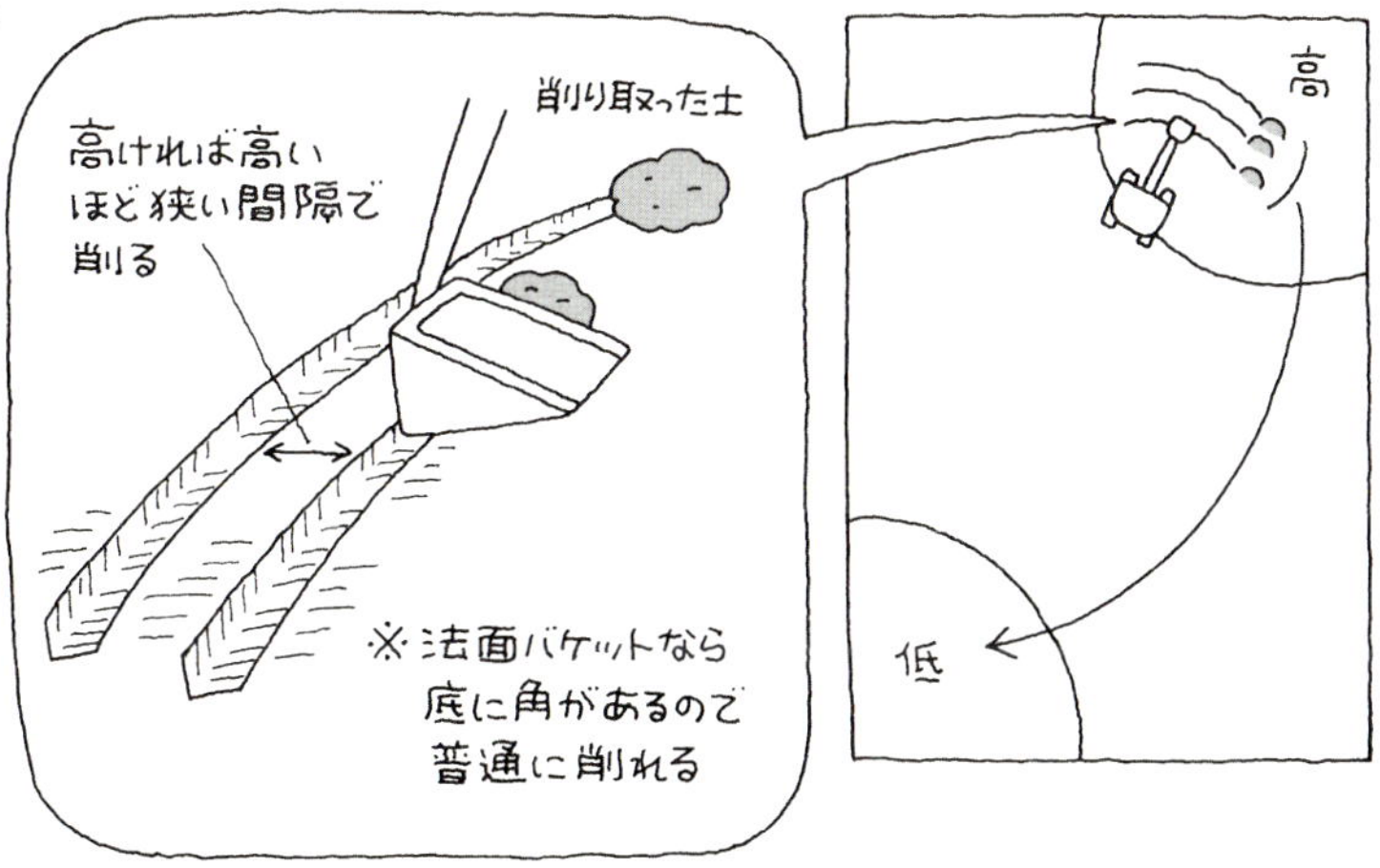
②
削り取った土
高ければ高いほど狭い間隔で削る
※法面バケットなら底に角があるので普通に削れる
高
低

数cmの高低差を土をはぎ取って直すのは至難の業。そこで高い部分の土をバケットの底の角を使って溝状に削り取り、低い部分へ移動する。溝の間隔を変えることで削り取る土の量を変えられるので、微妙な調整ができる　　現代農業2010年12月号

圃場整備は自分でできる！②

揃えたい機械と進入路のつくり方

山口県田布施町●木村節郎

百姓木村の百姓土方機械ラインナップ

機械	種類	用途・特徴	購入年・価格
バックホー	MS90 9t 鉄クローラ　0.3㎥	採土場で土の積み込み コンクリートブロック吊り 堆肥の切り返し	1993年 中古40万円
	PC40 4t 鉄クローラ 0.18㎥	田んぼの中でも滑らず湿田でも強い クローラの間が広いので排水溝を またぎながら掘るのもうまい 速く走れるギアがあるので整地のとき便利 クローラが長くて広く、揺れが少ない	1999年 中古75万円
	mm35 3t　ゴムクローラ 0.15㎥	アスファルトが走れる 採土場で土の積み込み アゼの加工	2008年 中古46万円
クローラ 運搬車	800kg積み ゴムクローラ ダンプ	土の運搬	2007年 中古15万円
トラック	2t 低床ダンプ	土の運搬等	1999年 中古36万円
	2t ユニック付き	機械の運搬 吊り込み作業	1999年 中古75万円
	軽トラダンプ 4WD	土の運搬等	1999年 中古20万円

バックホーは、移動や進入路の確保ができれば、4〜5tクラスの鉄クローラのものが田んぼでは一番使いやすい。おまけに2tトラックでは運べないので割合に安く手に入れられる。
小回りのきくゴムクローラ3tクラスは、アゼ直しや足場のよい乾田等を動き回る作業には便利。ただしゴムクローラは、湿田やぬかるんだ田んぼでは動きがとれなくなる。2tクラスではダンプに土を積み込むにも少し小さいが、3tなら十分。
クローラ運搬車は、田んぼのマチ直しのときなどトラックの入れない場所で土を運んだりするときにやはり必要。安くても足回りなどが丈夫な建設機械の中古がネライ目。全部の機械を自分で持たなくても、自分のものも他人のものも貸し借りして一緒になって仕事をすれば、相当いろんなことができる。イノシシやカモの肉と物々交換で借りることもある。

マチ直し（狭い田んぼをつなげて広くする）や進入路づくりなどの圃場整備を一通りこなすには、バックホーをはじめ、クローラ運搬車やダンプなんかの機械も必要。とはいえ、普通に新品を買ったらとてもじゃないけどやっていけない。

　でも、世の中には古いけどまだまだ使える機械がいっぱいある。この機械がぜひとも必要と思ったら、機械屋さんや知り合いなど、いろんなところに払える金額を知らせて探してもらうといい。あんまり無理をしなくても結構。日ごろみんなによくしておけば、必要なときには必要なように神様はあてがってくれるとだんだん思えてきました。

ただし、少々の修理なんかは、自分でできんとダメですヨ。部品帳見て「ここの部品ください」くらい言えるようにはなっておかないと。あまり手がかかりすぎると、機械屋さんが相手してくれません。

それと、機械は自分一人でなく「もやい（結）」で使うのも手。たとえばバックホーは、現場用に一～二台、土をとる場所に一台と、二～三台あるとわざわざ移動せずに使える。日ごろから貸し借りできる人を見つけておくとお互いに助かるし、手間がえ（機械を貸すかわりに別の作業を手伝ってもらう）でやると仕事も機械も集中的に使えて大いに仕事もはかどる。自分の機械が空いている間は他人に貸してあげたり、一緒に仕事したりも大いにやりましょう。助けた分、どこかで助けられるもの。もっともっとあたたかい社会が必要な時代になってきていると思います。

現代農業二〇一〇年三月号

出入りラクラク、駐車もできる

進入路をつくる

安全第一

狭い進入路では出入りが難しく、軽トラも停めておけない。苗やモミ運びはもちろん、水回りや草刈りなど、どんな作業場面でも軽トラの駐車スペースは必要だよね。だから出入りがラクで軽トラも停めておけるような幅の広い進入路をつくるんだ

●土のうの作り方

底を抜いた
ペール缶
土は軽トラで作業する場所まで運んできて、荷台から直接とるとラク
土のう袋を底を抜いたペール缶にかぶせて土を入れれば1人でもサクサクできる
土のう袋

進入路を上から見ると…

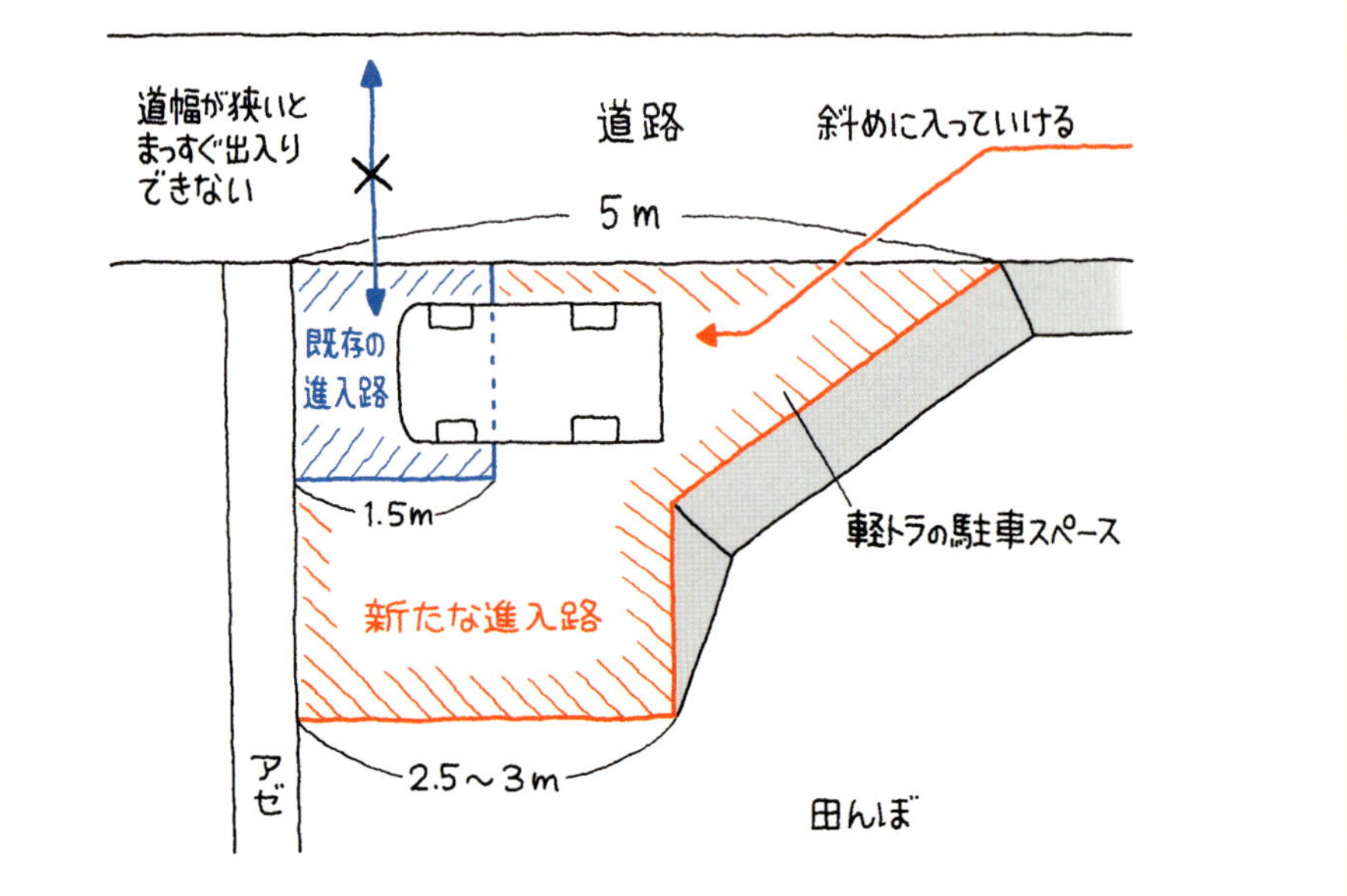

進入路断面図

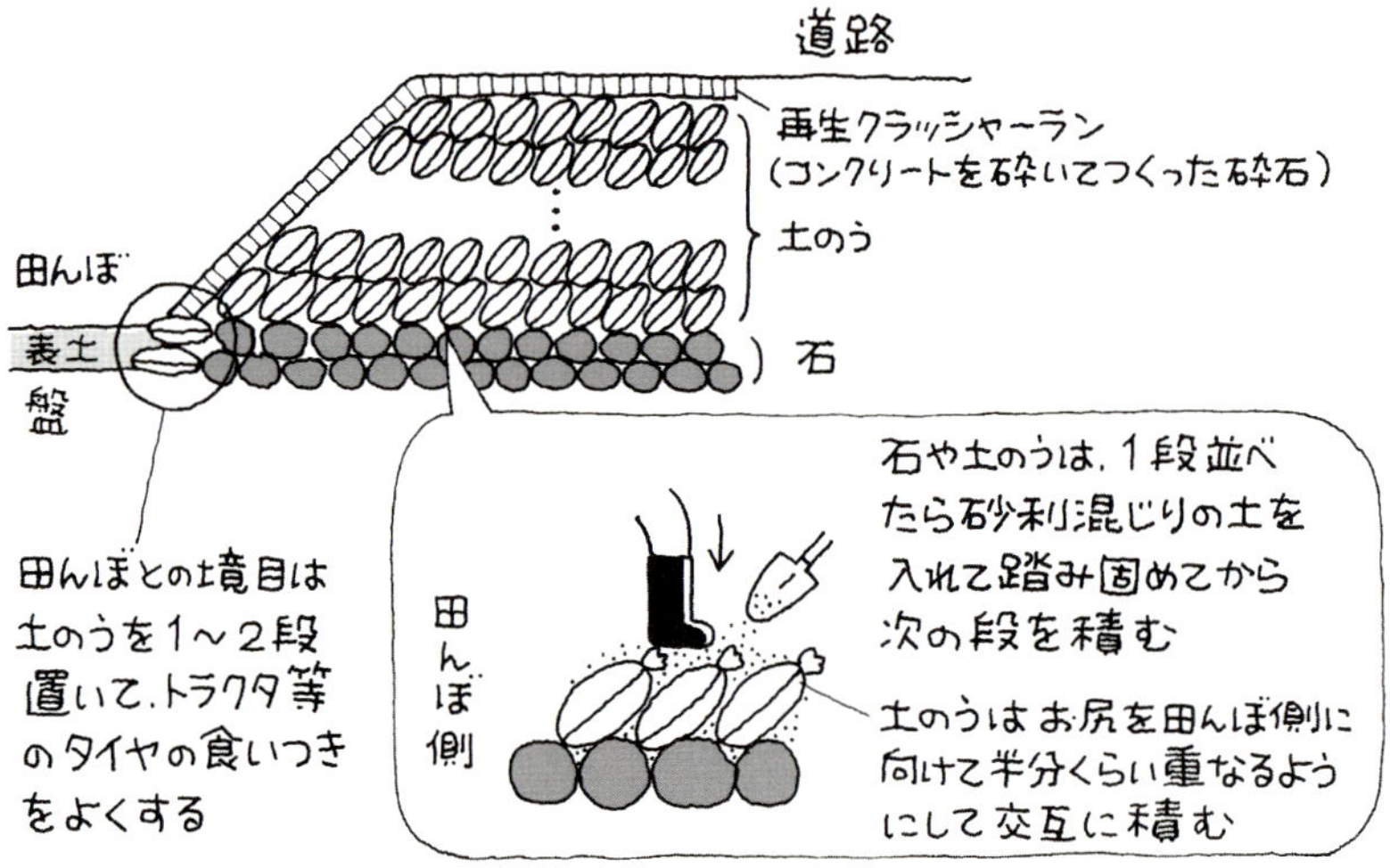

常に水につかる田面までは石を、その上に土のうを積み上げ、最後に再生クラッシャーランを敷いてプレート（平板転圧機）かバックホーのバケットで押し固める

バックホーで暗渠を掘る

岡山県矢掛町●石川 大さん

水はけの悪い田んぼをなんとかしたい

石川さんがバックホーを使い始めて一〇年近く経った二〇〇六年のこと。この年、石川さんは、田んぼの中干しに失敗した。水を完全に抜ききることができず、イネの根が腐って多くのイネが倒れてしまったのだ。

読者諸氏にはご存じの方が多いだろうが、中干しとは、夏の暑い盛りに田んぼの水を抜いて、ヒビが入るまで田面を乾かす作業のこと。土の中の有害ガス（硫化水素、メタンガスなど）を抜き、土の中に酸素を供給することで根を健康に保つとともに、余分なチッソ肥効を切って過剰分けつを防ぐのが目的だ。さらには、田面を干して固くすることで、収穫作業が容易になるという効果もある。

石川さんの田んぼでは、毎年七月の終わりに中干しをしている。だが田んぼの水はけが悪く、排水にいつも苦労していた。林に日光を遮られ、道路に面した部分の日当たりがよくないことも影響していたのかもしれない。

中干しの後にも、水を入れたり干したりを繰り返す必要がある。そのためにも、排水をいかに素早く行なうかが、米づくりのカギを握る。「水はけの悪い田んぼを何とかしなければ……」と、石川さんはこの年の中干し失敗を機に暗渠を掘ることにした。

暗渠の設置のしかた
（断面図・イメージ）

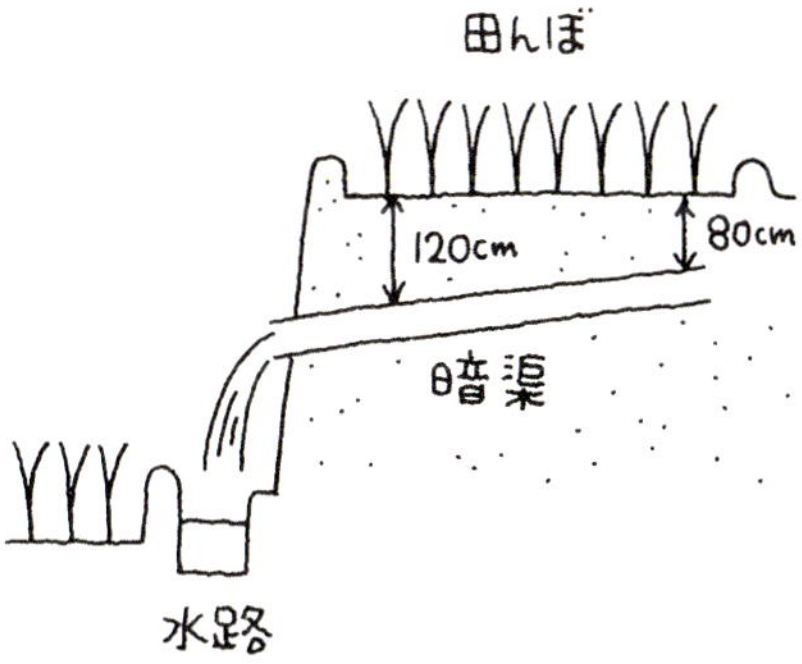

暗渠の作り方

さっそく、その年の冬の農閑期に作業をした。林に遮られて日陰になるところを中心に暗渠を入れることにした。掘った溝の長さは約四五m、幅は約五〇cm。深さは、排水部が約一・二m、反対側が約八〇cmと、水が流れやすいように勾配をつけた（右図）。

暗渠作りの手順は次のとおりだ（カッコ内は作業にかかった大まかな日数）。

▼溝掘り（二日）

アゼ際（右の写真奥）からバックホーをバックさせる形で掘り進んだ。まず上土（表土）だけを四五m掘り、続いて下土を掘る手順だ。上土を掘る際は、溝の幅が広くなり過ぎないように注意する。下土を掘る際に、溝をまたいでキャタピラを載せる必要があるからだ。

掘った土は溝の右手に置いていった。上土（黒っぽい土）は、バックホーのアームをいっぱいに使って、溝からできるだけ離れたところに。下土（薄茶色の土）は溝のすぐ近くに置いた。溝の左手は、後の工程での作業と、大きな石が出たときに置くスペースとして空けておいた。

大きな石が出てきたのは、田んぼがあったところはもともと川原だったためのようだ。あまりにも大きな石は迂回しながら作業した。

▼パイプ、排水部の設置（半日）

暗渠のパイプには、直径七五㎜の暗渠用蛇腹パイプ（コルゲート管）を使用した。全面に多数の穴が開いていて、その穴から、地中を染みてきた水がパイプに流れ込むようになっている。

暗渠の排水部は、直径六五㎜の薄肉塩化ビニル管（VU管）を使用。蛇腹パイプとステンレス線で縛る形で接続している。排水口の先端にはネジ止め式のふたを取り付けた。ふたをすれば、田んぼに水が溜まる単純な構造だ。

▼砕石、砂の投入（二日半）

パイプの周囲は、掘り出した小さい石と、市販の砕石をパイプが見えなくなるまで敷き詰め、その上に砂を一〇～一五㎝入れる。道路の近くは一輪車とスコップを使って手作業で行ない、道路から遠い部分はバックホーのバケットを使った。

石を敷くのは、排水効果を高めるとともに、土がパイプの穴に詰まるのを

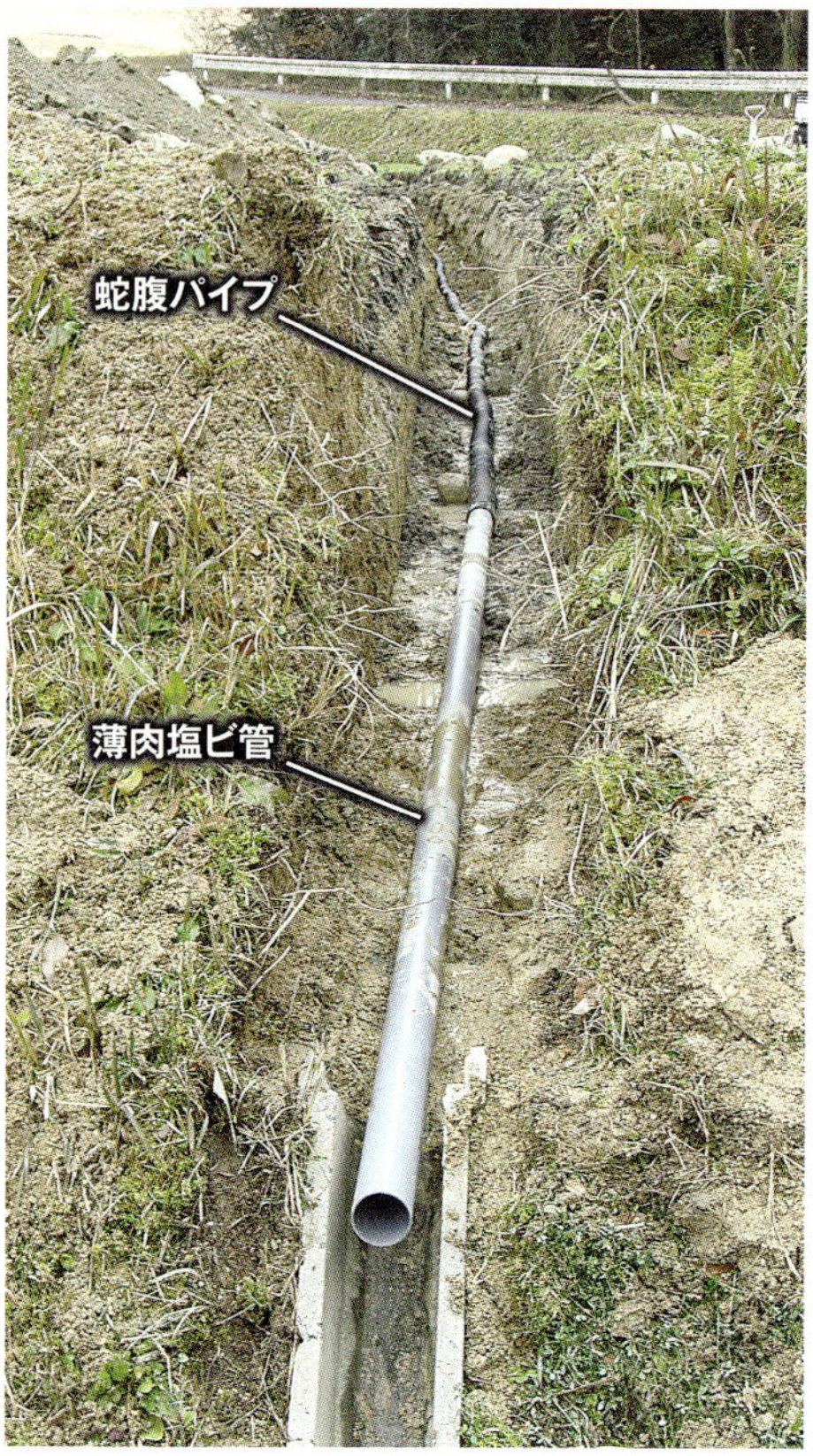

溝にパイプを設置。手前が排水溝、塩ビ管とつながった蛇腹パイプが奥に向かって延びている

溝の埋め戻し

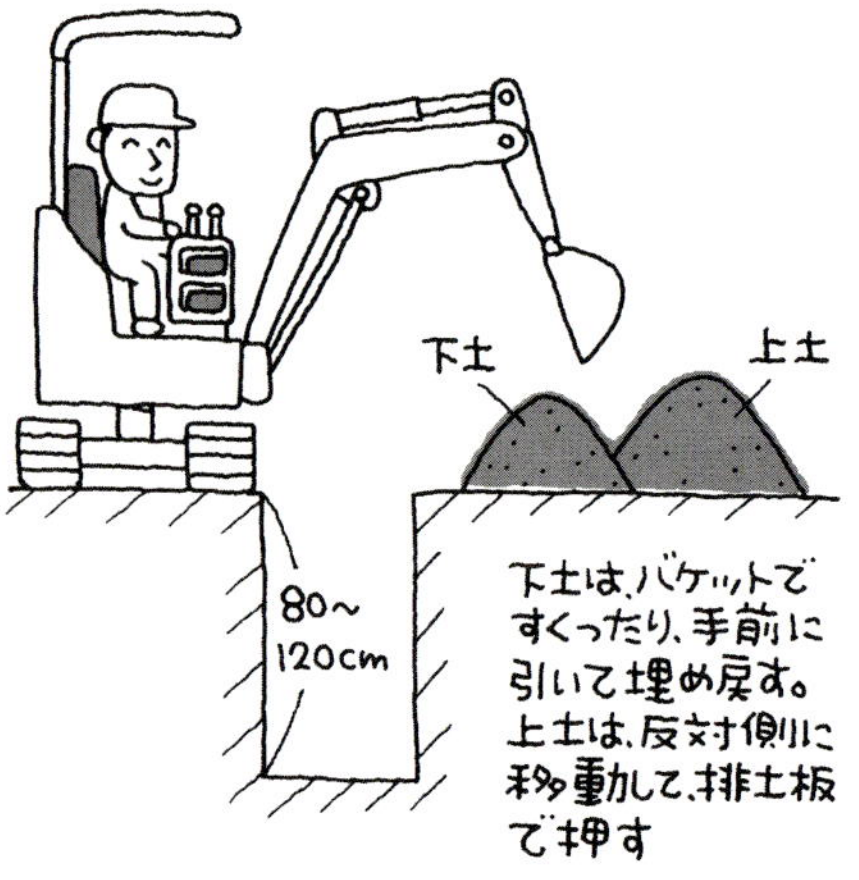

防止するためだ。砂は近くのため池に溜まっていたものをとってきた。この運搬作業に一日を要した。砂を掘るのはバックホー、運ぶには運搬車を利用した。

▼溝の埋め戻し（一日）

砂の上に、下土と上土を順に埋め戻していく。下土は、バックホーのバケットですくったり手前に引いたりして埋め戻す。バックホーの機体は、作業用に空けておいた側に、キャタピラを溝と並行に置き、機体を九〇度回転させて作業した。

上土は、土を置いた側に機体を移動させてから、バックホーを前進させ、排土板で押して溝に落とした。場所によってはバケットを使い、土をすくって埋め戻した。

上土を埋め戻したら、最後は整地。このとき、排土板を使ってバックで走行すると、きれいに整地できる（左の「排土板の使い方」参照）。

暗渠を入れてからは、中干しで失敗することもなくなった。石川さんは「バックホーがなければ、そもそも暗渠を作ろうと思わなかった」と言う。田畑の排水に頭を抱えている人は、バックホーを使って自分で暗渠を作ってみてはどうだろう。

（取材・萱原正嗣）

現代農業二〇一〇年三月号

排土板の使い方

排土板を使って整地するときは、後進しながら行なったほうがうまくいく。前進だと平らにするつもりが、よほどうまく操作しないと、逆に凸凹になってしまうという。排土板で少しでも掘り過ぎると、そこを車体が通ったときに車体が前のめりになり、排土板がその先の土をさらにえぐってしまうからだ。

作業時は車体を安定させるために排土板を下げる。この状態で後進するとラクに整地できる

排土板を上げた状態。通常の走行時はこの状態

楕円で囲んだところが排土板の操作レバー。この状態からレバーを倒すと排土板が下がる

こんな小技も。バケットに入らない大きなもの（石、U字溝、鉄骨など）は、バケットと排土板で挟んで持ち上げて運ぶ

（石川大さんのホームページ：あすなろ電器　http://as76.net）

塩ビ管埋設方式で湿田・湿害が劇的に改善

岩手県一関市●熊谷良輝さん、千代子さん

ミニバックホー（クボタKINGLEV U-15-3S）を操作する良輝さん

法面の下に作られた明渠とアゼ

ため池・田んぼの下から水がにじみ出す

「中山間地農業の最大の敵は、湿田と畑の湿害です」と熊谷良輝さん。

熊谷さん夫妻が米や野菜をつくって暮らすのは、岩手県一関市の山間の集落。八年前に千代子さんが一足先に家業を継いで就農し、四年前の二〇〇六年には良輝さんも後を追って脱サラ・就農した。

棚田の各所にはため池（地元では「堤」と呼ぶ）が備えられ、貴重な水瓶になっている。ため池と田畑は土手で区切られているが、地中深くを通ってどうしても水がにじみ出してくる。これは、程度の差こそあれ、上が池ではなく田んぼの場合でも同じだ。

こうした水のにじみ出しへの対策として、この地方では排水のための明渠（地元では「堰」と呼ぶ）を設けるのが通例だ。写真のように、土手（法面）の下に明渠を作り、明渠と圃場をアゼで区切っている。それでも、水のにじみ出しがひどいところでは湿田・湿害に悩まされていた。

就農した四年前、良輝さんは湿田でのイネ刈りのたいへんさを身をもって痛感する。この労力を軽減するためには、もっと有効な排水路が欠かせないと考えた良輝さんは、それにもバックホーを活用することにした。バックホーは、荒れた休耕田を開墾して畑にするために導入を決めていたところだった。

塩ビ管埋設方式で湿田・湿害が解消

「明渠は泥が溜まって泥上げの作業がたいへん。暗渠は、過去に父が試したことがありますが、業者に頼んで設置したものの、四～五年で排水できなくなったと聞いています。使っているうちに目詰まりして、排水効果が低下したのではないかと思います。水を抜くのに時間がかかるし、他に何か良い手はないかと考えたのが、塩ビ管埋設方式です」

熊谷さん夫婦自慢のこの排水方式の構造・原理はいたってシンプル。長さ四mの塩ビ管を写真のようなT字型の継ぎ手でつなぎ、継ぎ手の穴の開いた部分を上に向けて土中に埋め、この穴から水を排出するというものだ。

二〇〇六年の冬、とくにひどかった湿田でこの方式を試験的に導入してみたところ、排水は劇的に改善した。今では、この方式を次々に他の田畑にも展開している。

「この方式がいいのは、一気に水を出せるところです。暗渠、明渠よりも排水スピードは速いです。ある程度水を溜めてから排水すれば、水圧で泥もいっしょに流してくれます。水位調節（後述）も簡単です」

塩ビ管埋設の様子。法面の下の明渠があったところに設置

T字型の接ぎ手。この穴から排水する

塩ビ管埋設方式のしくみ（断面）

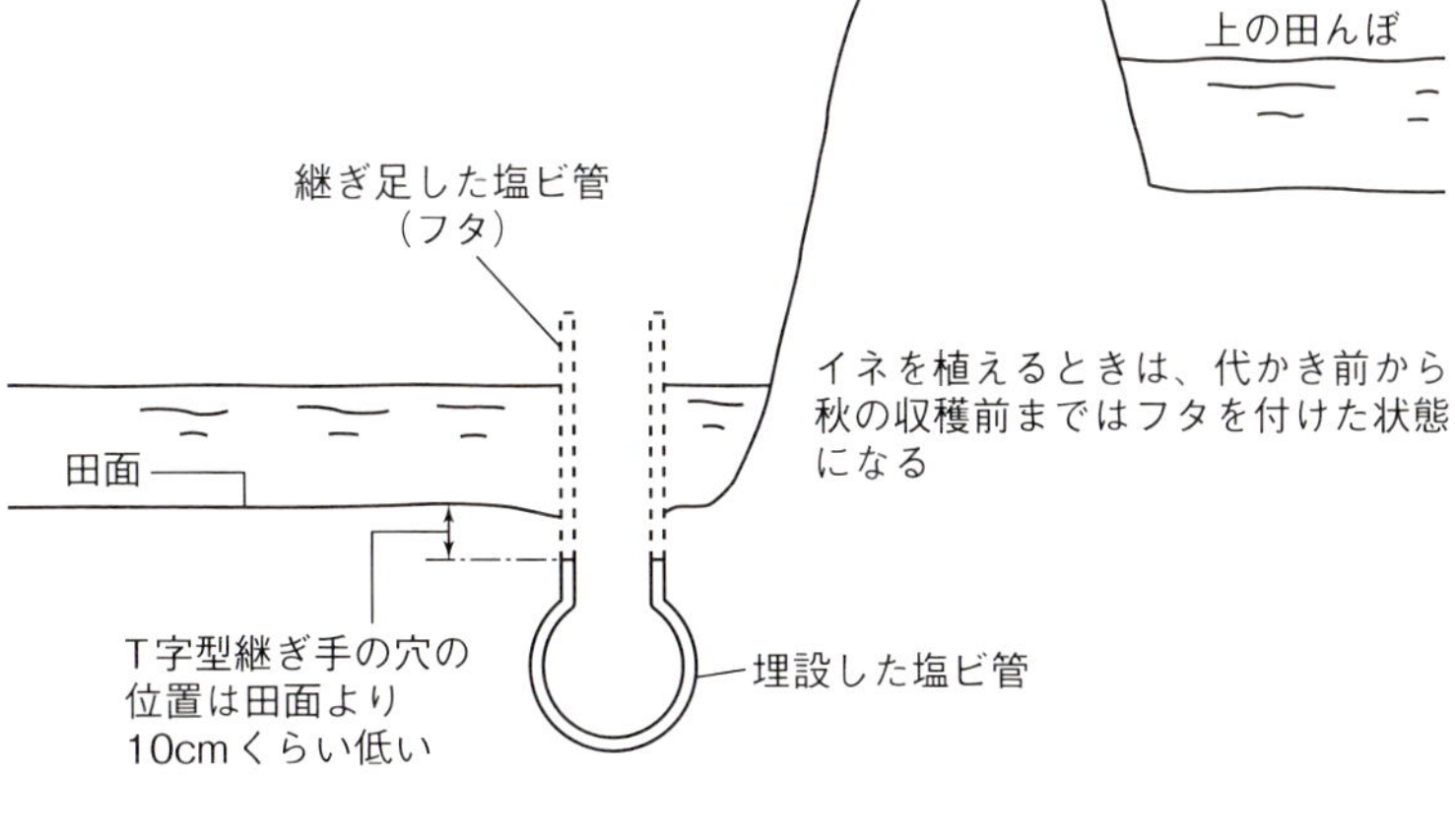
上の田んぼ
継ぎ足した塩ビ管
（フタ）
イネを植えるときは、代かき前から
秋の収穫前まではフタを付けた状態
になる
田面
T字型継ぎ手の穴の
位置は田面より
10cmくらい低い
埋設した塩ビ管

導入前は、塩ビ管に泥が詰まることを懸念し、その対策も考えていたが、始めてから四年目を迎えても一度も詰まったことはないという。

T字型継ぎ手にフタ（塩ビ管）を継ぎ足して田んぼに水を張った状態

設置法のポイント

この方式のポイントは三つある。

一つは、排水用の穴を圃場より低く設置することだ。穴に泥が流れ落ちることもあるが、こうすることで排水がよくなり、田んぼを乾かしたいときによく乾く。

だが、畑にしないでイネを植えるときは水を溜めなければならない。その場合は、代かき前から秋の収穫前までこの穴にフタをする（収穫以降、翌年春の入水まではフタをはずす）。フタといっても、要は塩ビ管を適当な長さに切っただけの筒。これを穴に継ぎ足すように差し込んで、穴の縁が水面より高くなるようにするのだ（写真参照）。このフタ（筒）の長さを調節することで水位の調整も可能だ。場所によっては、継ぎ手を可動式にして、これを斜めに回すことで水位調整できるようにしているところもある（右図）。

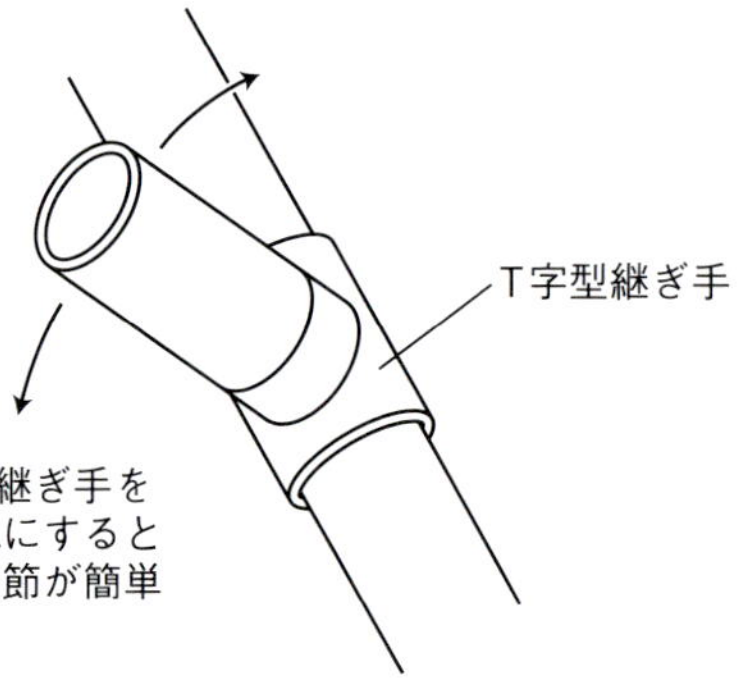

二つ目は、T字型（穴付き）の継ぎ手を多くすること。当初は穴のない直線型の継ぎ手も多く使っていたが、今では「つなぎはすべてT字型のものでもよかった」と振り返る。そのほうが高い排水効果を期待できるからだ。

三つ目は、この埋設塩ビ管は田畑の端に設置すること。初期に工事したなかには、水の溜まりやすい場所を狙って田んぼの真ん中を横切るように通したところもあった。だが、これではさすがに機械作業の邪魔になる。せっかく設置した塩ビ管をプラソイラで誤って破損したことがあった。

草刈りの労力も減った

この方式がいいのは排水だけではない。草刈りの労力軽減にも役立った。

冒頭に記したように、中山間地のこの地域では、土手の下に明渠とアゼを作ることが一般的だ。そのため、明渠の泥抜きに加えて、このアゼの草刈りという難儀な作業が年三回必要だった。埋設塩ビ管で排水がよくなると、明渠はもちろんそのアゼもいらない。二つの重労働から解放され、アゼをなくした分だけ耕地も少し広がった。

「昨年から今年にかけての冬だけでも少なくとも三〇〇本、これまでで五〇〇本は塩ビ管を埋めた」と語る熊谷さん夫婦。バックホーは「遅れてきた百姓」の強い味方になっている。

（取材・萱原正嗣）

現代農業二〇一〇年八月号

バックホーを相棒に 年間二〇tの培養土づくり

栃木県那須塩原市●室井雅子さん

バックホーで花苗の土をすくう室井雅子さん

非農家から嫁いで生み出した成果の数々

栃木県那須塩原市でご主人と二人、稲作と花苗づくりを営む専業農家の室井雅子さん（六〇歳）は、二五歳のときに京都からこの地に嫁いできた。会社員の家庭で生まれ育った雅子さんにとって、農業は未知の世界だった。

「土や肥料のことなど何もわからず、失敗の連続だった」。そう語る雅子さんが、いまや本誌に何度も登場するまでの「農業人」となっている。小型管理機の使い方、おからのボカシづくり、モミガラを使ったネギ栽培など、これまでに本誌で紹介したすべては、長年の挑戦と創意工夫の賜物だ。

室井家では、八町歩の田んぼで米をつくり、四五〇坪のハウスで花苗を育てている。嫁いできた雅子さんが花つくりに精を出すようになって以来、花を育てるのは雅子さんの仕事だ。それに加えて、雅子さんはここ数年、米つくりにも挑戦している。「への字」稲作に関心を持ち、ご主人を説得して、初めは一町歩から、いまでは三町歩を任されるようになっている。

一年間に育てる花の苗は年間二万～三万鉢。真夏はハウスの温度が高くなりすぎてとても作業ができないのと、秋はイネ刈りの準備とパンジーの仕込みで手一杯になるため、この間の花つくりは休業となる。

花苗の土づくり、イネの苗床、サトイモ掘りにもバックホー

室井さんがバックホーを手に入れたのは四、五年前のことだ。花の単価が下がり、収入を確保するためにつくらなければならない花の数が増え、それにともない必要な土の量も大幅に増え

た。それまではスコップを使って人力で作業していたが、一年間につくる土の量は四、五tが限界だった。バックホーを導入して、いまではそれが二〇tを超えるようになっている。

じつは、土づくりを効率化すべく、雅子さんが手に入れたかったのはバックホーではなくホイールローダーだった。そのことをご主人に伝えたところ、ご主人はバックホーを友人から安く譲り受けてきた。思わぬ機械を手にすることになり、最初は慣れない操作に戸惑ったが、以来、花苗の土づくりを中心に、イネの苗床づくり、サトイモ掘りなど、バックホーは雅子さんの腕の代わりとなっている。

室井流、花苗培養土のつくり方

ここでは、花苗の土のつくり方を紹介する。

土づくりは、一月から二月にかけての乾燥した時期に行なう作業だ。湿度が高いと土がベタついてうまくかき混ぜられない。

まず、四tトラック一台分の赤土を地面に敷き、バックホーで平らに薄くのばす。その上に、雑木山でつくった自前の腐葉土を赤土の三分の二ぐらい敷き、やはりバックホーで平らにする。

ここに、油粕や大豆粕、米ヌカ、微生物資材（カルスNC―R）を加え、トラクタのロータリで三回かき混ぜる。だが、これだけだとロータリの爪が下まで届かず、十分に土が混ざらないところがある。そのため、敷き詰めた土を山になるようにバックホーで集めてから、もう一度平らに広げる作業を二回繰り返す。最後は、場所を取らないように一山に寄せる。

ここまでの作業を三回に分けて行ない、合わせて二〇tを超える一年分の土をつくる。そのすべてが雅子さん一人の作業だ。人力ではとてもこなせる量ではない。

寝かせた土を苗に使うまで

土は、半年から一年ほど寝かせ、十分に発酵させてから花苗に使う。土を寝かせられるようになったのはバックホーの導入効果が大きい。一度にまとめて作業ができるようになったからだ。スコップで作業していたときは、必要なときにその都度土をつくるのが精一杯だった。

花苗に土を使う際は、管理機で土の

室井雅子さん

室井さんは年間2万～3万鉢の花苗をつくる。春：サイネリア・オブコニカ、初夏：サルビア・マリーゴールド・ポーラチカ、冬：パンジー・ビオラ・ポリアンサス

管理機で細かくした土を、バックホーで軽ダンプに載せる作業。機種はコマツのPC20-7。各部の名称、基本動作も復習しておこう

山を耕してある程度細かくする→バックホーで軽ダンプ（軽トラダンプ）に土を載せる→軽ダンプでハウスまで運ぶ→ハウスで土をクラッシャーにかけて細かくする、という手順を踏む。

クラッシャーにかける前に管理機で土を細かくするのは、大きすぎる土の塊はクラッシャーの手に負えないからだ。だが、ここで悩ましいのは、管理機で土を細かくすると、かさが減るうえ平らになってバックホーのバケットですくいづらくなること。そのため、スコップを使って人力でバケットに土を入れ、それから軽ダンプに載せるという苦肉の策をとっている。

体で覚えるまではとまどったが

バックホーは、ブームの上げ下げ、アームの上げ下げ、バケットの出し入れ、車体の旋回の四つの基本動作を組み合わせてバケットを操作する。

言葉にすると単純だが、最初は「これが見た目以上に難しい」というのが室井さんの感想だ。土をすくう作業一つとっても、車体近くの土はすくいにくいし、アームを深く下げすぎると地面を掘ってしまう恐れがある。うまくバケットですくえた場合も、アームを上げる際にバケットも手前に入れておかないと、せっかくすくった土がこぼれてしまう。

スムーズに操作できるようになるには「体で覚えるしかない」とのことだが、コツは、複数の操作を同時に組み合わせることにあるようだ。アームを下げながらバケットを出したり、旋回しながらブームを上げたり、という具合だ。

だが、操作に慣れてきても、手順を間違えると無駄な作業が多く発生する。効率よく作業するには、作業の組み立てを常に頭で考えておく必要がある。「バックホーの操作は意外に頭を使う」ということだが、うまく使いこなせば人間の何倍も働いてくれるバックホーは、じつに頼もしい相棒と言えるだろう。

（取材・萱原正嗣）

現代農業二〇一一年九月号

田んぼの耕耘前に 自作幅広バケットで「先打ち」

兵庫県福崎町●埴岡正昭さん

埴岡正昭さんとヤンマーの小型バックホー・T8

定年後は、好きな機械を使いこなして米づくり

兵庫県は姫路の北北東およそ一六km、福崎町で米づくりを営む埴岡正昭《はにおかまさあき》さん（六三歳）は、「農作業より機械いじりが大好き」という大の機械好きだ。工業高校を卒業後に勤めた農協でも、自身たっての希望で農機具の販売を担当した。

埴岡さんの家は、この地で代々米づくりを営み、長男の埴岡さんは「父から継げと言われて」田んぼを継ぐことになった。二〇〇四年に定年退職するまでは、農協での仕事のかたわら米づくりに汗を流してきた。

埴岡さんの家の田んぼは一ha弱だが、農協を退職後、近所から田んぼの作業を頼まれるようになった。いまでは田んぼ一八枚、合計三・七ha。品種は、キヌヒカリ一・七五ha、ヒノヒカリ一・四ha、ハリマモチ（もち米）四八aだ。とれた米は、知人や近所の人に直接販売している。自分で販売を始めたきっかけは、一九九三年の米騒動だ。近所の人から頼まれて消費者に直接売るようになった。

福崎周辺の粘り気の強い土壌でとれた米には甘みがあって、常連さんからも「おいしい」と評判だ。だが、市価を睨みながら販売価格を決めている埴岡さんとしては、米の価格に大きな影響を与えるに違いないTPPの成り行きが気掛かりでならないという。

「じゅるい」田んぼの改良にバックホー

埴岡さん宅から二kmほど西には、市川という川が流れている。だが、埴岡さんの田んぼの近くには川がなく、溜池に雨水を溜めて田んぼに水を引いている。土壌は、川筋は砂地だが、埴岡さんの田んぼは粘土質で、土地の言葉でいうには「じゅるい」。水持ちはいい反面、雨が降ったらなかなか乾かない。畑作には向かない土で、米以外のバックホーで「先打ち」

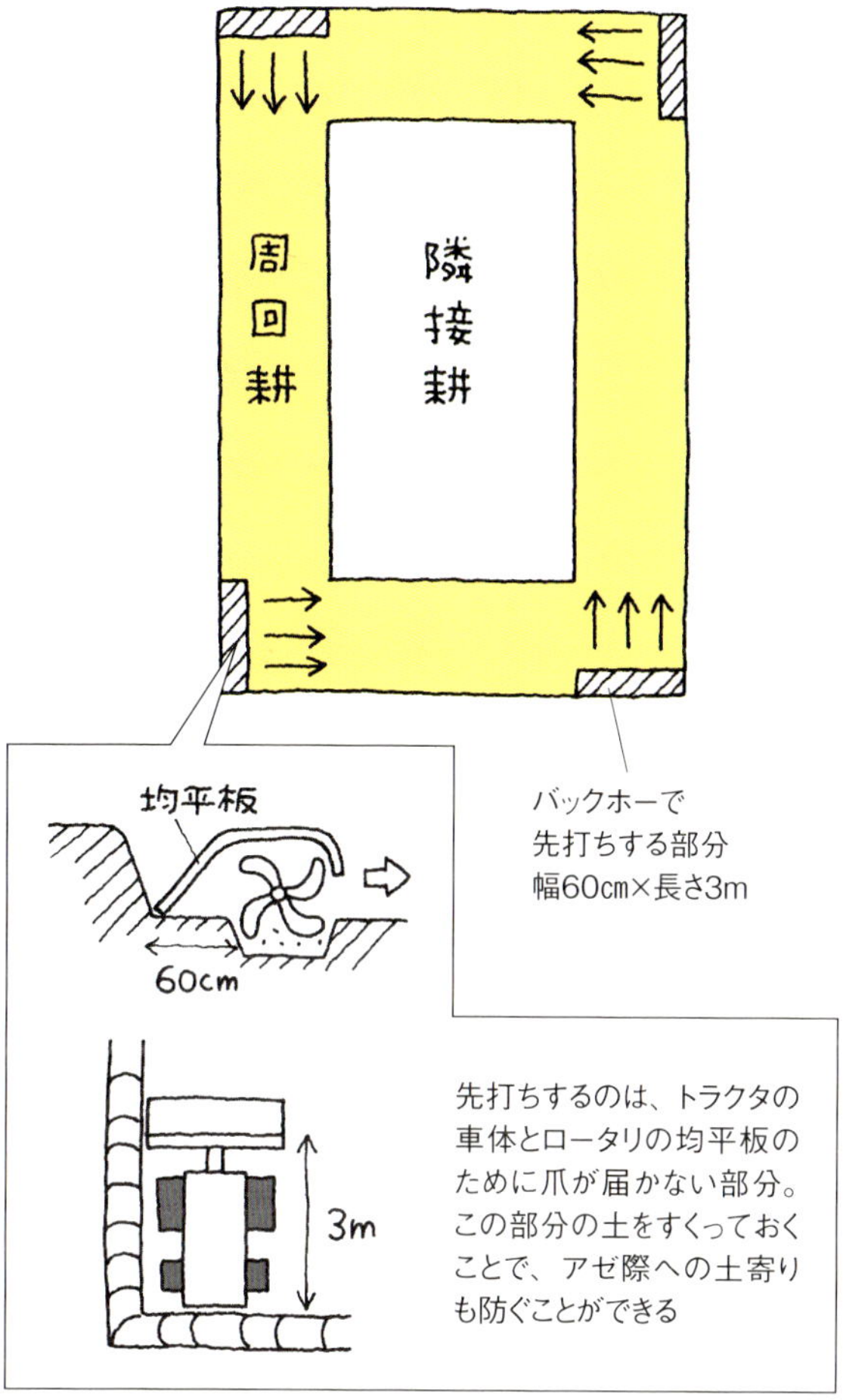
周回耕
隣接耕
均平板
60cm
3m
バックホーで
先打ちする部分
幅60cm×長さ3m
先打ちするのは、トラクタの車体とロータリの均平板のために爪が届かない部分。この部分の土をすくっておくことで、アゼ際への土寄りも防ぐことができる

田んぼへの進入口があるところなので位置は変則的だが、自作バケットで幅60cm分の土をすくっているところ。すくった土は、田面が低くて水が溜まりやすいところに運搬車で運ぶ

ものをつくっているのはまれだ。

米をつくるにも、雨が降るとすぐ土がゆるくなりすぎて、秋から春にかけて田んぼにモミガラをまいたり耕耘作業をするには厄介だ。作業をラクにするためには、田んぼの乾き具合を見計らうのが大事なポイントになっている。

埴岡さんがバックホーを購入したのは、元号が平成に変わって間もない頃だ。粘土質の田んぼの手作業を少しでも減らしたいというのが購入の大きな動機だった。二〇年以上前のヤンマーのクローラバックホーT8はいまも現役だ。機械いじりが大好きな埴岡さんは、オイル交換はもちろん、日々のメンテナンスを自分で行なってきた。軽トラックに載せることができる小型のバックホーは田んぼで作業するのに重宝する。

最近でこそ、バックホーの中古品が出まわったりレンタルがあたりまえになっているが、当時はまだ、とくに小型のバックホーは中古もレンタルもなかった。そこで、そのときの職場だった農協の農機センターで一三〇万円ほどで新車を購入した。

自作の幅広バケットで「先打ち」

先打ちがすんだところ

先打ちしてから耕耘すれば、周回耕のスタート部分（手前左端）のアゼ際に土が寄らない。埴岡さんの耕耘は一山盛耕。ロータリの回転数を落として、意図的に粗く起こしている。こうすると土の乾きがいいとのこと

バックホーの主な使い道は、端的に言うと、土を掘って均すこと。用水路から滲み出てくる水や、田んぼの少し低くなっているところに溜まる水を抜くために暗渠を設置したり、土を高いところから低いところに運んで均したり、水路に溜まった泥をさらったり、崩れかけたアゼを修復したりと、さまざまな場面で活躍している。

そのうちの一つに「先打ち」もある。これは、トラクタで田んぼを耕したときに、四隅の鋤き残しをなくすとともに、アゼ際に土を盛り上げないようにするための作業だ。トラクタの周回耕でどうしても鋤き残すことになる部分、土を跳ね上げてしまう部分を想定して、バックホーで四隅を予め削っておく。

先打ちするのは前ページの図の斜線部分で、四隅の幅六〇cm×長さ三mほどの面積だ。六〇cmはロータリの後ろ（均平板）をアゼに付けたときに爪が届かない部分の長さ、三mはトラクタの車体の長さにあたる。近隣の農家からは「四隅はイネを植えないから耕す必要はない」と言われることもあるようだが、細かいところまで綺麗に仕上げるのが、埴岡さん流だ。

先打ちには自作のバケットを使っている。工業高校出身だけあって、図面を引くのも溶接するのもお手のもの。鉄板のプレスは業者に依頼したが、ほとんど埴岡さんの手作りだ。幅六〇cmの手作りバケットは、掘るというよりも、排土板と同じ要領で土をごっそり削り取れるように設計した。バケットの先に爪はなく、土を均すのにも使いやすいようにした。バケット幅の六〇cmは、ロータリの爪が届かない部分の長さに合わせてある。

ちなみに、暗渠を掘ったときは幅三〇cmの標準バケットを使用した。狭く深く掘るには、バケットの先に爪があって幅が狭いほうが使いやすいということだ。また、バケット幅がクローラの幅より狭く、掘ったところでもクローラが落ちる心配がなく進んでいけることが、長い距離を掘るのに適している。

（取材・萱原正嗣）

現代農業二〇一一年五月号

バックホーで
イモ類・ゴボウの収穫も、残渣処理もこなす

神奈川県川崎市●新堀智章さん

トラクタよりもバックホー

「常に一〇品目くらいは店先に並べられるように作付けをしています。それぐらいの種類がないと、店として成り立たないと思っています」

新堀智章さんは、都市近郊で、畑とともに直売所を営んでいる。一〇品目を店に並べるということは、一〇品目は同時期に育てているということだ。畑の広さは合計で八〇a。土を寝かせて休ませている場所もあるので、一品目の栽培に使える広さはせいぜい数a程度になる。こうした環境で野菜を作るのに、小回りの利く小型のバックホーはとても重宝している。何かあるとまずバックホーを出動させる。トラクタの稼働機会はめっきり減った。今では、トラクタを出動させるのは年に一〇回程度ということだ。

新堀さんは、具体的には主に次の五つの作業でバックホーを使っている。

①イモ類の収穫
②ゴボウの収穫
③野菜の残渣処理
④天地返し（③と兼ねることが多い）
⑤土壌耕起

イモ類を二ウネ一度に収穫

イモ類は、バックホーのバケットでウネごとすくって収穫する。作業を効率化するため、アームが届く範囲の二ウネを一度にすくっている。そのため、ウネの数は偶数で作付けするとのこと。

多くの場合、畑には複数の種類のイモが栽培されているが、収穫のためには、それぞれバックホーの通路になるスペースが必要だ（図1参照）。ただ、通路を遊ばせておくのはもったいないので、イモの収穫時期までホウレンソウやコマツナを栽培して、スペースを活用する。

「バックホーですくうと、イモを傷つけてしまうのでは……」と思った方

図1　イモ類の収穫のしかたと植え付け方

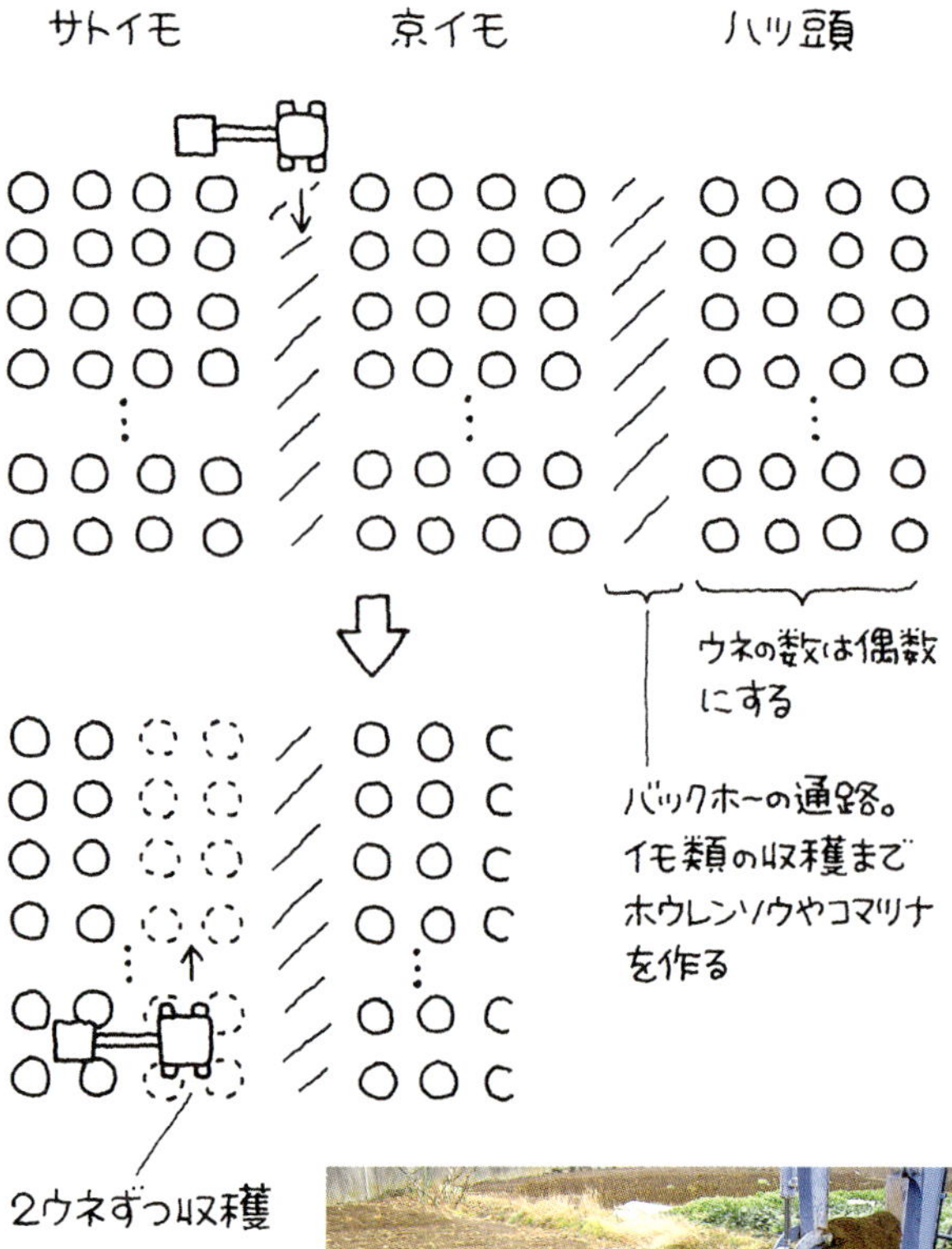

図2　ゴボウの収穫のしかた

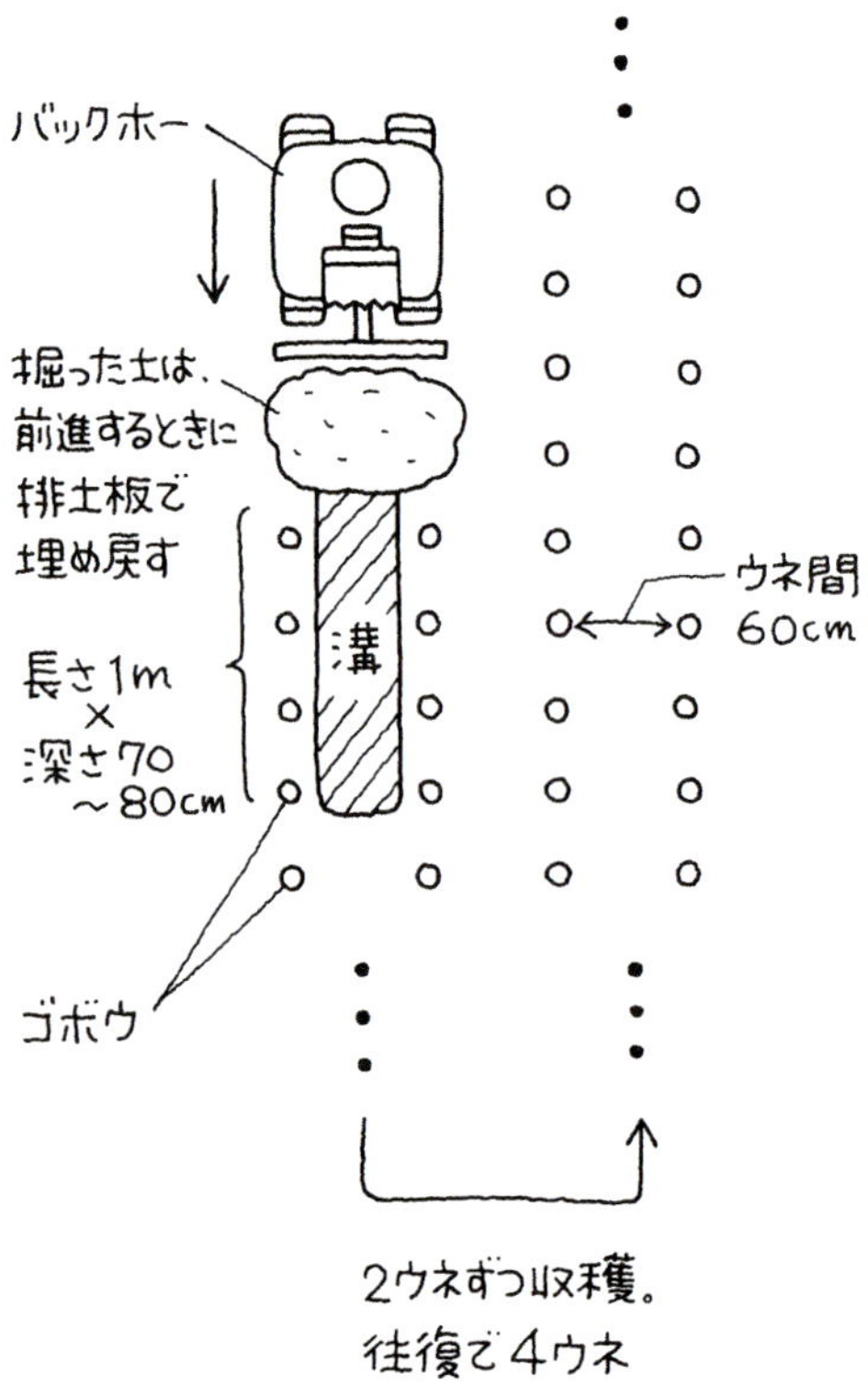

こんな具合に溝に入って両側のゴボウを収穫。バケットの幅は34cmある

も心配ご無用。新堀さん曰く「スコップや鍬で作業するよりもよっぽど傷つかないし、バケットでまとめてすくうからバラバラになりにくく、作業もしやすい」とのことだ。

ゴボウの収穫もラクラク

一方、ゴボウの収穫作業は、ウネの間を長さ一m・深さ七〇〜八〇cmほどバックホーで掘り、溝に下りて両側のゴボウを手で引き抜いていく（図2）。バックホーで掘る→ゴボウを引き抜く→前進する、という流れの繰り返しだ。バックホーで「行って帰って」四ウネずつ収穫することになるので、作業がしやすいように、ウネの数は四の倍数で植え付けている。

新堀さんが使っているバックホー（日立建機のＥＸ８―２Ｂ）はクローラの幅が八一cm。当然、クローラでウネを踏むことになるが、収穫済みのところを進んでいくので問題はない。なお、掘った土は車体のすぐ前に寄せておき、前進するときに残渣といっしょに排土板（ブレード）で埋め戻していく。

ちなみに新堀さんは、ゴボウの播種にシーダーテープを使っている。株の間隔が均一になり、バックホーで作業がしやすくなるということだ。

残渣処理をしながら天地返し

畑ではまた、ナス・キュウリ・トマト・ズッキーニ・カボチャ・トウガン・キャベツ・ブロッコリー・トウモロコシ・カブなど、さまざまな野菜の残稈・残渣処理にバックホーを活用している。以前はこうした収穫残渣は燃やしていたが、近所から苦情が出たり、火事と間違われて通報されたりと、最近は燃やすのが難しくなってきた。

残渣処理の様子。1列分の残渣を落としたら、掘り上げた土（手前）を埋め戻す。その後は、写真のバックホーが走っている位置に溝を掘り、同じことを繰り返していく

作業はまず、バックホーでウネの横に五〇～六〇cmの深さの溝を掘る。バケットを横に払うように使って残渣を溝に落とす。掘った土を、同じようにバケットで残渣の上に戻す、という流れで進めていく。溝を作るのに下土を掘り起こすことで、天地返しも兼ねている。ポイントは、残渣を入れ過ぎないこと。多く入れ過ぎると、残渣が腐ってきたときに土が沈み過ぎてしまう。新堀さん曰く「一列分ずつくらいがちょうどいい」とのこと。

最近では、野菜の残渣だけでなく、庭木のせん定クズも残渣処理と同じようにして土に埋めている。枝などを入れることで土の中に隙間ができ、水はけがよくなることを期待しているということだ。

根茎が残るものは作ごとに、葉もの跡も年に一度

先にも書いたとおり、この残渣処理と兼ねた「天地返し」は、五〇～六〇cmくらいの溝を掘って、土を埋め戻す作業のこと。その後、土を寝かす期間は、残渣の腐るスピードを考慮して、夏場は一カ月、冬場は二～三カ月程度。とくにダイコン・トマト・ナスなどのポリマルチをする作物は、土が落ち着くのを見計らい、十分に均してから作付けする。ちなみに、一月半ばにカブの残渣処理をしたところには四月半ばにナスを、二月半ばにブロッコリーの残渣処理をしたところには四月半ばにキュウリを植える予定だという。

キャベツ・ブロッコリー・ハクサイ・トマトなど、根や茎が残るものは、大抵の場合、収穫のたびに残渣処理を兼ねて天地返しをする。一方、ホウレンソウやコマツナなどの葉ものは、同じ畑で年に二～三回作ることが多いが、連作障害を避けるため、畑が全般的に空く冬場には植え付ける場所を変えて、それまで栽培していたところを天地返しする。

バックホーを使って「土壌耕起」することもある。これは、土の表面をバケットの爪の部分で掘り起こす作業だ。狭い場所をトラクタ並みに深く耕したいとき、土が硬くて管理機では歯が立たないときに重宝するのがバックホーなのだ。

（取材・萱原正嗣）

現代農業二〇一〇年五月号

バックホーでラクラク小力
1mの超高ウネイチゴ栽培

島根県出雲市●井上伸二さん

超高ウネで作業する井上伸二さん。高設に見えるが正真正銘の土耕なのだ（写真はすべて㈱大雅提供）

ブドウのハウスに土耕でつくってみたが…

ブドウ「デラウェア」をつくる、島根県出雲市の井上伸二さんら六軒が、冬の収入源としてイチゴを導入したのは、一〇年くらい前のこと。

ブドウ用の雨よけハウスは、間口が三・六mの連棟で、谷には雨どいがなく雨水がもろに落ちてくる構造だ。

高設システムを入れずに土耕を選んだ井上さんら三軒は、試しに一年普通の大きさのベッドを立てて栽培してみたところ、谷の下は泥ハネからくる病気で生育が悪くなり、さらに実も汚れてほとんど収穫できなかった。

谷下部を開ける代わりに超高ウネにしてみた

二年目は、谷下部の栽培は諦めて広く開け、三・六mに二本だけベッドを立てることにした。谷下部も含めハウスの土をたっぷり使えるならと、「高設ベンチなみに高ウネにしちゃおう」と考えた。もともとブドウ用に持っていたミニバックホーで、高さ一m、幅七〇cmの超高ウネはなんなくできた。

超高ウネの作り方 ㈱大雅の指導）

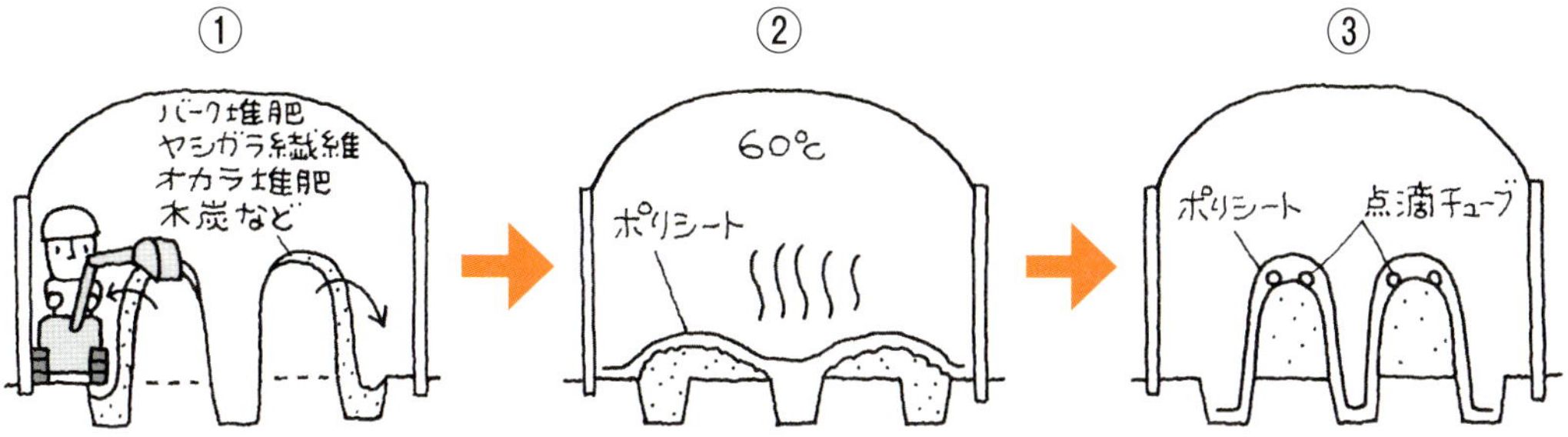

① 収穫残渣を持ち出したら有機物をまく（まん中通路には入れない）。ウネ上部を外側に崩して混和する（まん中通路は狭くてバックホーで作業できないため）

② たっぷり散水してポリをかけ、ハウスを閉め切って太陽熱処理を2～3週間。バックホーでウネ上げして、形は手で整える

③ 点滴チューブをセット（散水チューブだと水流が強くてウネが崩れる）。ポリをベタがけして、定植までウネを乾かさない

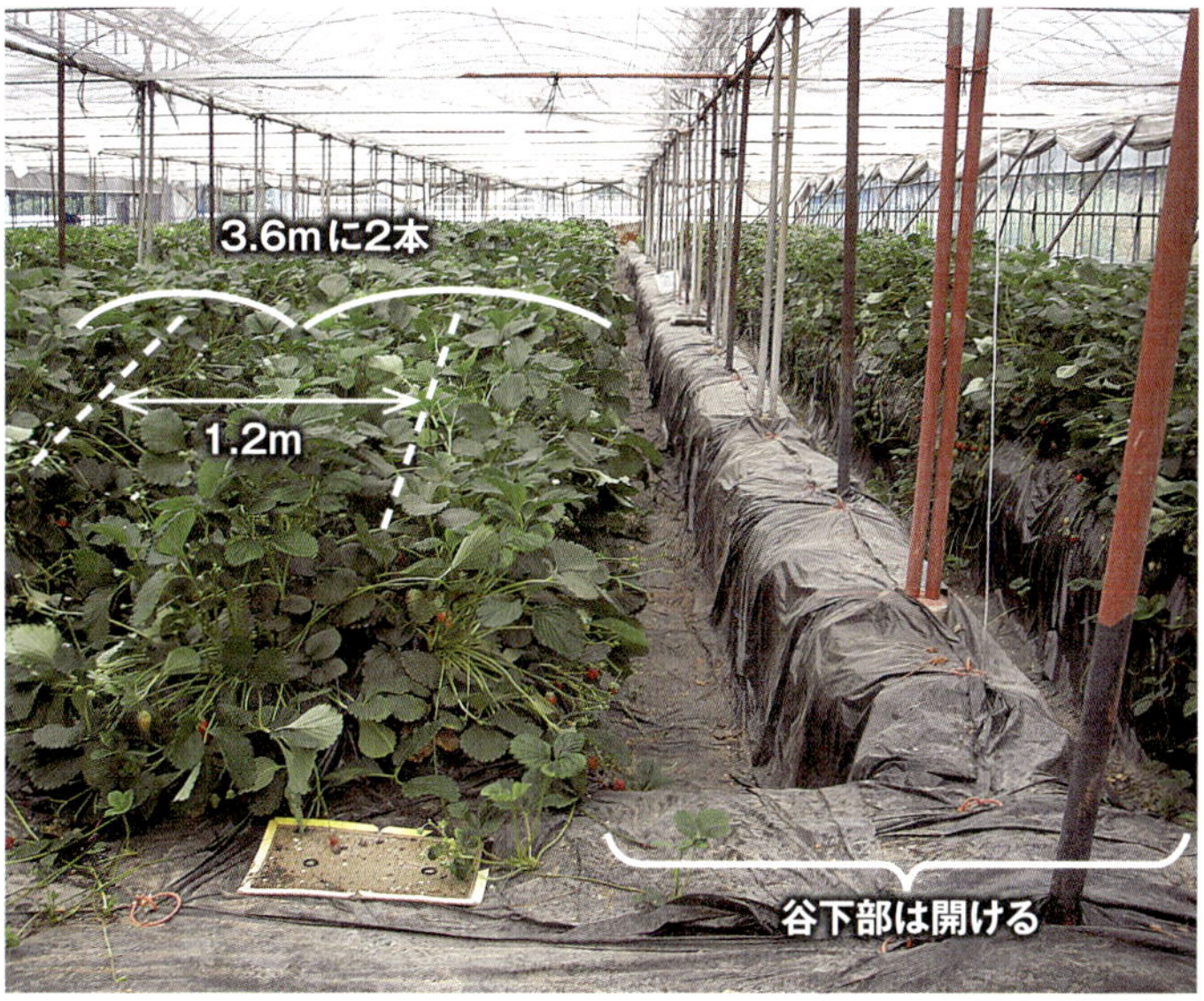

超高ウネ栽培の6月中旬の様子。3.6mに2本、まん中寄りにベッドがある。谷下は広めにとってありバックホーの作業道になる

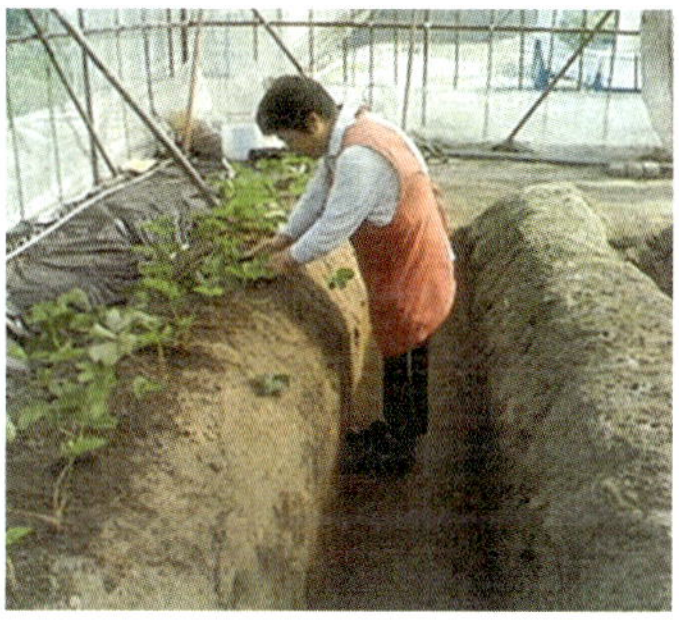

定植時の超高ウネの様子

姿勢がラク、株腐れが減った

超高ウネの具合はじつによかった。なにより姿勢がラクなこと。それから水はけがいいので水分コントロールがしやすく、株腐れが減ったのもよかった。ただし砂地なので、あまり乾かして急に大量のかん水などすると、ベッドが崩落することもあった。

砂地の保肥力を上げたくて、バーク堆肥やヤシガラ繊維を入れているので、ベッドは毎年崩して作り直している。バックホーでも一〇a三日はかかって、定植までの準備はなかなかの仕事のようだが、その後の管理を考えると、超高ウネは魅力的。やめられないそうだ。

現代農業二〇一一年八月号

山の整備にバックホー大活躍

千葉県多古町●広瀬弘二さん

1

道作りの作業。まず、山肌を削った土を道を延ばす方向に盛っていく

定年後に都内から移り住み、農業を始めた広瀬弘二さん（六八歳）。近所の山に鶏舎を構え、家の前と近くに畑を持っている。

約一haある山は、競売で手に入れた。元はゴルフ場の開発予定地だったところで、入手当時は荒れに荒れていた。山で何かするには、自分で整備しなければならない状態だった。広瀬さんは、ここに鶏舎を作るにあたって、山道作りから木の伐採、抜根、丸太運びにまで、バックホーをフル活用した。

山道の作り方

まず取り組んだのは道作り。図1は、広瀬さんが作った山道を示している。その作り方の手順を、いままさに作業中の道を例に説明してもらった。

まずは山肌を削って、道の先に土を盛る。あわせて、すでに道になっているところからも、排土板で表面を削って土を運ぶ。道の先端に、バックホーが通れるだけの十分な土が溜まってきたら、バックホーのバケットでその土を押し固める。ある程度の固さになったところで、注意深くバックホーを進入させて、機体重量でさらに押し固める。これを繰り返して、少しずつ道を延ばしていく地道な作業だ。

慎重な作業が大事 ――「あわや」の体験記

とにかく慎重に、少しずつ作業を進めること。これが、安全に道を延ばしていくためのポイントだ。というのも、広瀬さんは、道作りの作業中に二度ほど「あわや」という目に遭っている（図2）。

▼ぬかるみから シャクトリムシのように脱出

一つが、ぬかるみにバックホーの足を取られて動けなくなったことだ。山に入り始めた当初は、密生する木が陽射しを遮り、土はいつもぬかるんでいた。冬場の作業で、ぬかるみが増したところに、土を十分固めずにバックホーで進入したら、車体が見事に埋まってしまった。試行錯誤を繰り返すなか、バケットを後方に突き刺して、キャタピラの動力とアームを引く力を利用すれば、シャクトリムシのように動けることがわかってきた。それで、その場はなんとかしのぐことができた。

バックホーはぬかるみに弱い。自分の重さで足を取られないように、バケットで土を十分に固めるか、日程が許すのであれば、幾日か土を置いて乾かすのがよいだろうという。

▼車体転落の危機から脱出

もう一つの「あわや」体験は、斜面にキャタピラを取られて、バックホーごと谷に持って行かれそうになったことだ。車体の傾きを感じた広瀬さんは、ひとまずバケットを谷側の斜面に突き

図１　広瀬さんの山道作りの概要

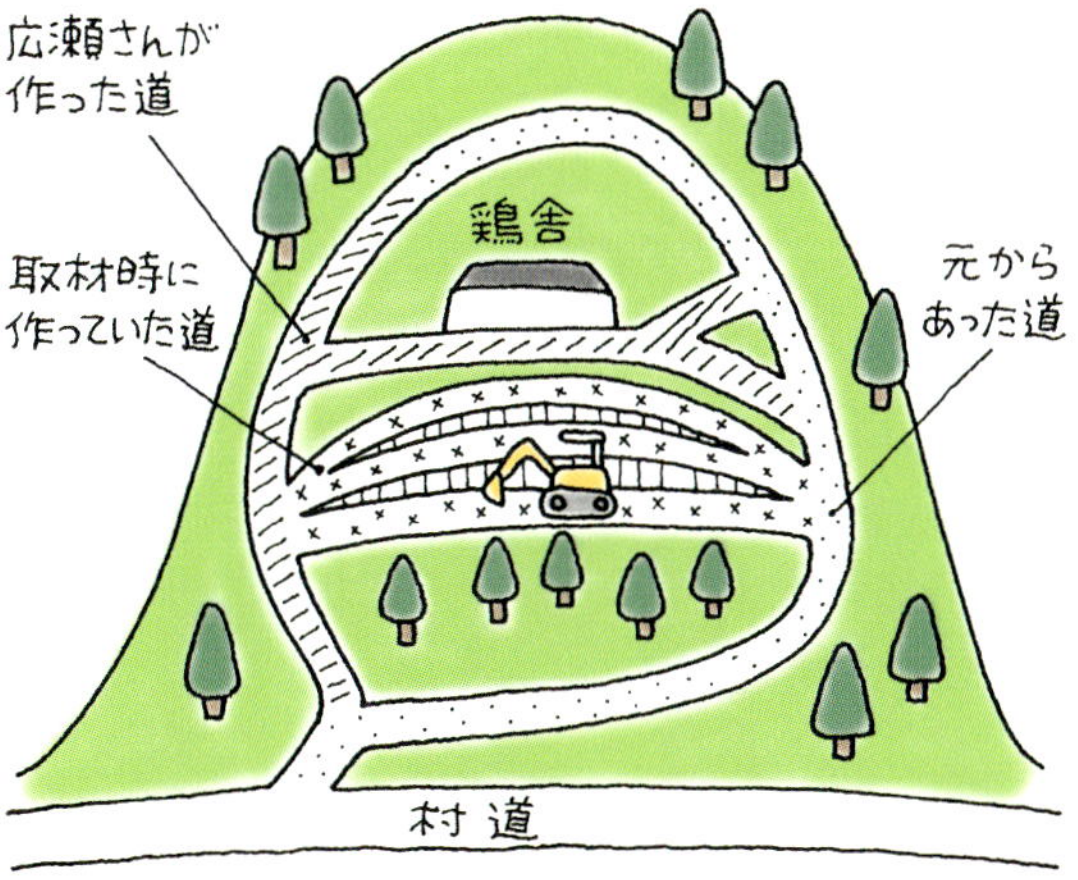

山の面積は約1ha。高さは村道から約30m。取材時に作っていた道は、クリの樹を道の横に植えるため、3段のテラス状にしていた

すでに道を作りつつあるところからも、排土板で表面を削って土を運ぶ

削った土は斜面側にも盛って道幅を広げる

図２　慎重な作業が大事と思い知った２度の体験

①ぬかるみにはまったときは、キャタピラの動力とアームを引く力でなんとか脱出

②斜面に足をとられて転落しそうになったときは、バケットを谷側の斜面に突き刺して緊急措置。落ち着いてから脱出

刺した。車体が横転するのを防ぐ緊急措置だ。冷静さを取り戻し、慎重にバックホーから降りてみると、車体の重心は山側に十分残っていて、谷に落ちるほどではないことが見て取れた。だが理屈はわかっても、恐怖で気持ちがついてこない。その日は作業を中断し、気持ちを落ち着けることにした。

翌日、知り合いに応援に来てもらい、脱出を試みた。応援といっても、操縦する自分以外にできる作業はない。危険がないかを見守る役目だ。他人の目を得て恐怖心がいくらか和らいだところで、安全には安全を期して、山側の土を削って谷側に盛り、バックホーの走行スペースを十分に広げてなんとか脱出した。このときの教訓から、今は道幅をかなり広めにつくっている。

図3　バックホーを使って木を伐り倒す

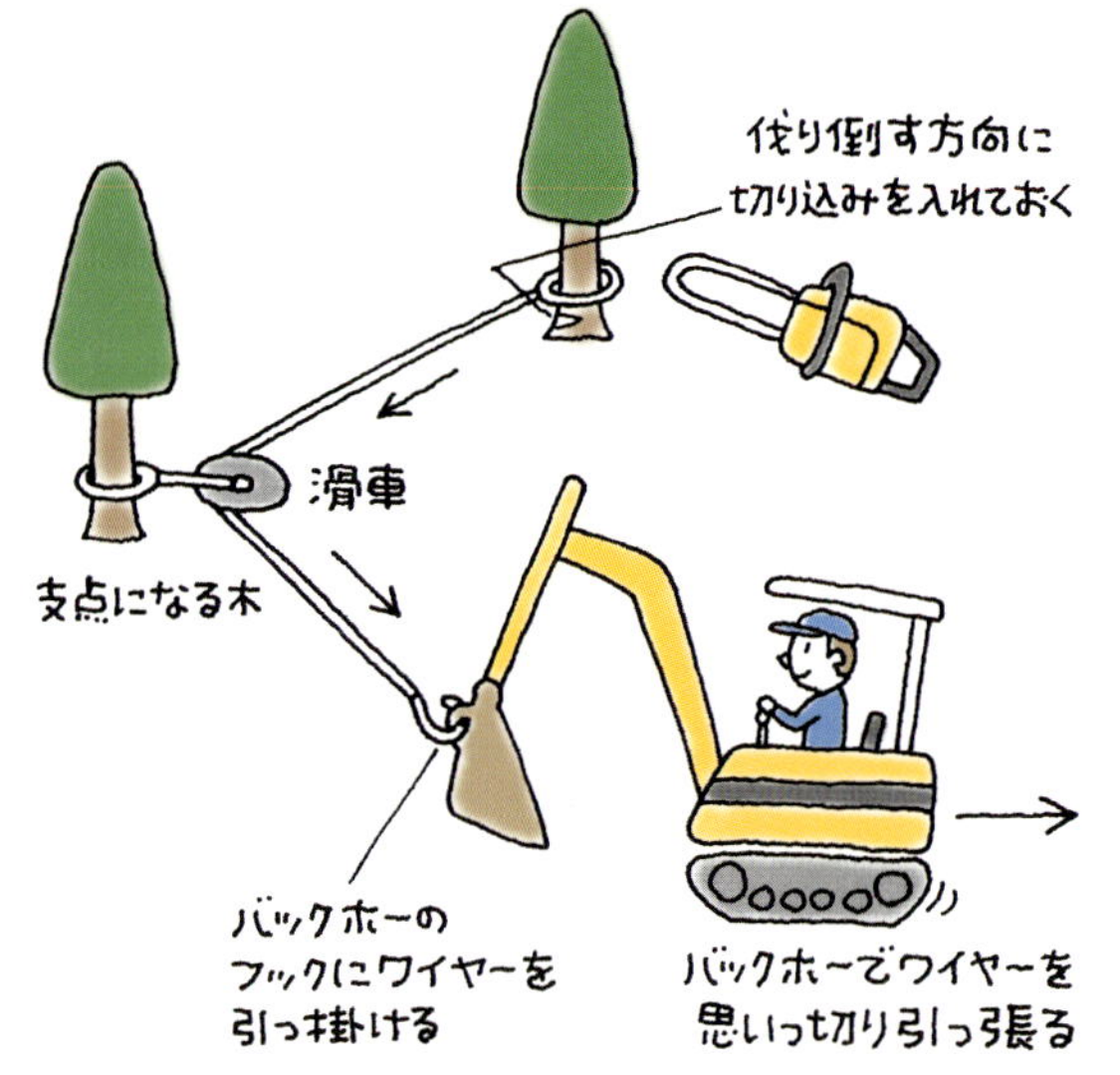

木の伐採や丸太運び、抜根も

木を伐るときも、バックホーを使うと思ったとおりの方向に倒すことができて安全だ（図3）。

伐り倒した木を運ぶときも、バックホーが重宝する。丸太がバケットに載るときは、バケットに載せて運んでもいいし、バケットに載らないときは、ワイヤーで丸太を結わえて、バックホーのフックに引っ掛けて運んでもいい。こうして丸太を運んで、鶏舎や丸太小屋を作り上げた。

木を伐ったあとの抜根作業は、切り株のまわりを、バックホーの車体を移動させながら深さ二mぐらい掘っていく。一周掘ったところで、最後はバケットで押したり引っ掛けたりして切り株を土から掘り出す。これがじつに地道な作業で、一日かけて、二本抜くのがやっとだという。広瀬さんは二〜三年かけて、陽当たりをよくするために伐った二〇〇本と台風で倒れた一〇〇本の、合わせて三〇〇本以上を抜根した。

力持ちの頼もしい相棒

広瀬さんにとって「バックホーは力持ちの頼もしい相棒」だ。とくに、広瀬さんのように条件の悪い農地を整備するときに大きな威力を発揮する。バックホーが一台あると、段々畑を修理したり、雪の多いところでは雪かきに使ったり、いろいろ役立つはずだ。

リースで十分という考えもあるが、一日借りると一万円や二万円はすぐかかってしまう。ある程度の仕事量があるならば、中古を購入したほうが断然得だ。

ただ、機械だからといって酷使は禁物。とくに中古ならなおさらだ。広瀬さんが言うように「こっちも中古なら相手も中古」の精神で、いたわりながら農作業を楽しむのが、安全に長くバックホーと付き合う秘訣と言えそうだ。

（取材・萱原正嗣）

現代農業二〇一一年四月号

小型バックホーに装着できる 竹切り機「竹キング」

福岡県●松田耕志

竹キングで竹を伐採しているところ

竹をつかみながら切断

竹キングは車体重量四tクラスの小型バックホー（パワーショベル）に装着するアタッチメントです（往復配管が必要）。

特徴は以下のとおり。

①孟宗竹をつかみながら切断。竹が倒れないから安全。
②つかんだまま竹林から引き出せる。
③必要な長さに切断（小割り）可能。
④竹を集めたり、積み込んだりするにも、六～七本まとめてつかんで作業ができる。

道を作りながら竹林を進む

人力作業で伐採から引き出し、小割り、車両への積み込みまでを一人でやると、一日で孟宗竹約三〇～四〇本が限度かと思います（現場条件にもよる）。竹キングなら一日で一五〇～二〇〇本以上を安全に処理できます。

現場では、小型バックホーが伐採作業するための道路を作りながら竹林を進みます。伐採後はこの作業道に車両の乗り入れができるので、親竹の間引き、施肥、タケノコ掘り作業が省力化されます。重労働から解放され、高齢者でも少人数でも、末永く管理できる竹林に生まれ変わります。

また建設業者にとっては年間作業の平準化や、余剰労働力、遊休建機の有効利用になります。建設業者が荒廃竹林整備へ、また農業分野へ参入するよい機会となればと思います。

(株)松田組＝福岡県みやま市）

＊販売は住友建機販売(株)福岡支店福岡南営業所
＝佐賀県鳥栖市藤木町四－四
TEL〇九四二－八二－二一七八

現代農業二〇〇九年四月号

溝にトタン、肥料袋、アゼシート バックホーを使って 竹根の侵入を三重防衛

埼玉県春日部市●折原みち子

農機具物置と竹林の間にバックホーで深さ50㎝以上、長さ20mにわたって溝を掘り、そこへトタン、肥料袋、アゼシートをタテに埋め込む。溝だけだと、その後、落ち葉や土が堆積して埋まってしまい、竹の根がすぐに侵入してしまう

魚の骨のような竹の根っこ

タケノコがちやほやされて喜ばれるのは一時で、竹山の維持管理は農家の頭の痛いところです。わが家でもタケノコが掘りやすくて見つけやすい場所がありましたが、じつはそこが大変なことになっていました。

竹林を開墾してパイプハウスで作った農器具物置。機械が錆びないようにビニールシートを敷き、さらに絨毯を敷き詰めていました。機械を出して、しばらくぶりに古い敷物をめくると、出てきたものが竹の根っこ…。

重たい農機具の下敷きになり、魚の骨のように横につぶれたようになりながらも、竹根は機織りで糸を紡ぐようにハウスの地面と敷物の間をどんどん突き進んでいたようでした。地下部からビニールハウスを突き破って侵入してきたようなのです。

トタンなどで三重防衛

くねくねと長く折れにくい竹根は厄介です。竹根と格闘して尻もち、腰を打つ大けがをした人の話はしばしば耳にします。そこで、力強い助っ人、小さなバックホーを使うことにしました。

深い溝を掘っただけではすぐに根が侵入してしまうことが数年前にわかっていました。そこでトタンを三重くらい重ね、さらに肥料袋を五枚くらい重ねて埋め込みました。どちらも廃物利用です。さらに同様にアゼシートを埋め込みました。こちらは新規購入した一五㎜の肉厚のもの。三重防衛です。

竹の勢いはすさまじいので、深さ一mくらいでは下をくぐりぬけて侵入してくるかもしれません。でもこれで何年かは竹根の侵入を防ぐことができるかな。竹根との格闘は続きます。

現代農業二〇〇九年四月号

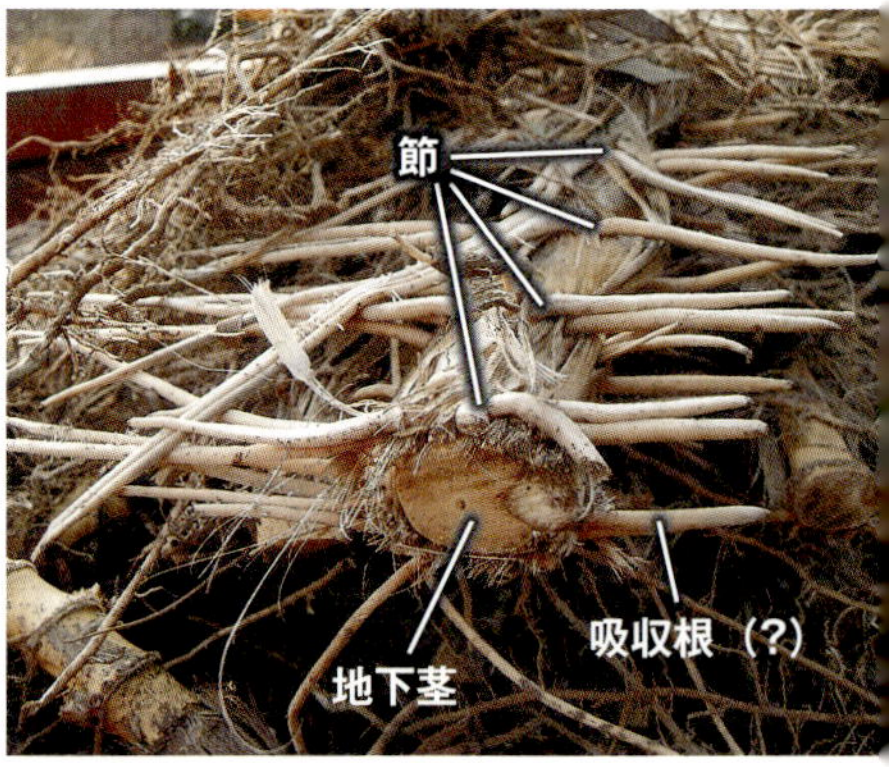

敷物の下から現われた竹の根っこと、爪のような先端

スギ林の間伐と除雪・利雪にバックホー

新潟県湯沢町●清水守さん

車体がピッタリ収まったこの小屋作りにもバックホーを利用

新潟県湯沢町。越後湯沢駅の東南東の方角に、その形状から「東洋のマッターホルン」と形容される大源太山《だいげんたさん》がそびえている。標高はおよそ一六〇〇m。駅から車で二〇分ほど行くと、標高五六〇mほどのところにある大源太山の登山口に辿り着く。

その登山口のすぐ近くで、清水守さん（五二歳）は広さ七〇aほどの「大源太農園」を営んでいる。道路を挟んで農園のすぐ北側には、大源太山の姿を映す大源太湖。農園からの眺めは雄大だ。

清水さんを訪ねた四月上旬、あたりはまだ雪深く、人の背丈を優に超える残雪があった。

定年前帰農で畑と山を継ぐ

清水さんは高校卒業後、町役場に勤めた。三二年間の勤務を経て、定年を待たずに退職したのが二〇〇九年三月のことだ。子どもが中学に入り、手がかからなくなったこと、奥さんが隣の南魚沼市役所で勤めていることなどの条件が重なって、「辞めるならいましかない」と思ったのがきっかけだった。父親が遺してくれた畑と山で、退職前から野菜と山菜を作っていたこと、退職前の数年で農林関係の役職を務めたことは、農園を始める後押しとなった。

清水さんがこの二年間で栽培したのは、一〇品目ほどの野菜と山菜だ。トウモロコシ・エダマメ・神楽なんばん、それにウド・タラの木・フキノトウ・行者ニンニク・シイタケ・コシアブラ・ナメコなど。山菜はスギの林間を利用しての栽培だ。タラの木・フキノトウ・行者ニンニクなどの山菜にとっては、強い日差しは大敵で、スギ林の木陰はちょうどよい。いまは一面雪で地面は見えないが、これらの山菜は、雪の下で力強く育っている。

ハウスの除雪のためにバックホーを購入

清水さんがバックホーを購入したのは、二〇一〇年三月のことだ。動機は、住宅の裏手に作ったビニールハウスが雪でつぶれないよう除雪するためだった。

この一年のあいだ、夏場はスギ林の間伐とバックホーの小屋作りに、秋から冬にかけては雪室づくりに、そして冬から春にかけては雪を掘り返して雪が解けるのを早める用途に、バックホーが活躍した。雪の掘り返しは、いわば雪を「天地返し」する作業。空気に触れる面積を増やすことで雪解けを早めることができる。

安さより安心を取った

バックホーの車種は、コベルコのSK30SR。機械重量は三t超で、取材したバックホーの中ではもっとも大きい。キャビンタイプも本シリーズ初。清水さん曰く「雪の中で作業するから、キャビンは欠かせない」とのことだ。キャビンの中にはラジオの受信器とCDプレイヤーを備え付け、作業を楽しむ工夫をしている。

車体は一五年ほど前の中古品。新品のように見えるのは、購入時に業者に塗り直してもらったためだ。業者には「塗装しなければ一〇万～二〇万くらいは安くできる」と言われたが、雪の中で作業するのに、塗装がなければすぐに錆びてしまうと考えて購入時に依頼した。

購入先は重機を扱う隣町の業者だ。価格はおよそ一二〇万円。インターネットでは、より安価なものも目にしたが、「遠方の業者だと何かあったときに修理を頼めない」と、多少の割高は承知のうえで、安心のために地元の業者を選んだ。

レンタルも検討したが、バックホーは耐久性が高く、長く使っても値が下がりにくい。「いざとなれば売ればいい」と、購入を決めた。周囲でも除雪のためにバックホーを所有している人が多く、バックホーが身近な存在だったことも購入決断の一因だ。

間伐に活躍するハサミ型のアタッチメント（写真：大源太農園提供、以下*も）

バックホー小屋の支柱用の杭をバケットで打ち込む（*）

間伐作業に役立つハサミ

林の中は、木の幹や枝でスペースが限られている。操作中にバケットやアーム、キャタピラをあちこちの木に何度もぶつけたが、その分、バックホーの大きさや操作の感覚が身に付いた。「ぶつけても安心だし、林の中での操作はいい勉強になる」ということだ。

ハサミ型のアタッチメントも、林の中で大活躍している。林の手入れが行き届いていないところでは木が混んでいて、間伐のために木を切っても他の木に引っ掛かって倒れてこない。そんなときに登場するのが、「疾風《はやて》」の名を持つこのアタッチメント。二〇万円ほどで購入した。

バックホー小屋の裏に雪室用の穴（幅2.5m×深さ2 m×奥行き8 m）を掘った。穴の周囲（側面）にシートを敷いて、底にはスギ枝を敷き詰め、三角形の保管箱（これも手作り）を置く。この箱の中にリンゴやジャガイモを貯蔵（上の写真（*））。穴全体に雪を盛って雪室の出来上がり（左の写真）

ハサミの操作はバケットの操作と変わらない。バケットを畳む方向にレバーを引くと、ハサミが閉じる。倒れる途中で引っ掛かった木をこれで挟み、アームを上げ下げしたり、車体を旋回したりして、木を地面に落とすのだ。

ただ、ハサミの向きは地面に対して垂直に固定されている。「ハサミを回転させられると、垂直に立っている木をつかむこともできて、もっと便がいいんだけど……」とは清水さんの言葉だ。そういう機械もあるようだが、林業専用の機械で、バックホーに取り付けて使えるようなものではない。そもそも、とても個人で手を出せる価格ではないということだ。

雪の中では道を作って進む

雪の中では、前述のようにもっぱら「天地返し」に活躍する。だが、雪の中での操作にも注意が必要だ。なにしろ人間の体重でも、下手に歩くと膝まで雪に埋まってしまう。バックホーの重量ならなおさらだ。進む前にバケットで雪を固めて道を作りながら進む必要がある。不用意に進むと、自身の重さで雪にキャタピラをとられてしまう。

万一、足をとられてしまった場合はどうするか？　アームで突っ張って車体を水平に保ち、その隙間にスコップを使って人力で雪を押し込み、叩いて固めるしかない。

ちなみに、除雪用のバケットというのも存在する。横幅が広く、一度に大量の雪をすくえるので近所では使っている人も多い。

雪国でも威力を発揮するバックホーだが、あくまで操作は慎重に。

（取材・萱原正嗣）

現代農業二〇一一年七月号

雪の掘り返し。融雪が早まる

バックホーならカンタン！

ヤブ状態の耕作放棄地が三〇haのコマツナ畑に再生

埼玉県●農業生産法人㈱ナガホリ

草とクワの倒木でヤブのようになった東松山市の畑。これから試し掘り

耕作放棄地請負人がゆく

「私らにはこのくらいは朝飯前。やる気が出ないよね」

そういって笑うのは、農業生産法人㈱ナガホリ社長の永堀吉彦さん（六四歳）。会社のある埼玉県上尾市周辺の耕作放棄地を次々借りて、いまや三〇haを超える畑でコマツナばかりをつくる。その労力は、定年退職者や高齢者、主婦のパート百数十人。林のようになった畑でも重機を使って開墾し、きれいな畑に再生する。このところ新聞・雑誌に取り上げられたり、講演を頼まれたりする機会が増えて、いまや「耕作放棄地請負人」の風情だ。

この日の現場は会社から二〇㎞ほど離れた東松山市。地主の農家いわく、昔は「サツマイモをつくるのに最高の畑」だったが、鳥がタネを運んだのか、クワの林になっていた。それを二年前に切ってもらったそうで、現在は腐りかけたクワの倒木と茂った草でヤブ状態だ。

畑の隅には茶樹もある。永堀さんによると、茶は根が浅いのでバックホーで掘り起こすのは簡単。孟宗竹や真竹の根（地下茎）はそれより深いがせいぜい五〇㎝くらいなので、それほど難しくない。時間がかかるのは篠竹で、一mくらいの深さまで根が張っている。

開墾のしかた

では、耕作放棄地の開墾作業はどんなふうに進むのか。

①試し掘り

畑（だったところ）の一カ所を掘って、土の層の厚さがどのくらいあるかを見る。開墾して畑に再生するには天地返しが必要だ。それには、砂利や岩盤の層にぶつかるまでに、土の層が

次は、表土を削った跡をさらに掘って、
他の部分の表土を底へ入れる
埋め戻している
表土を削った
深さ

天地返し作業中。重機はリース。写真はバケットが0.45㎥クラスのバックホー。「景気が悪いから重機もオペレータも仕事がなくて空いている」とのこと

天地返しが
すんだところ

一・五m以上はほしい。

ちなみに、この日、試し掘りした畑は二m近い土の層があったので開墾には問題なし。近くの都幾《とき》川が氾濫して運ばれた土だろうか、赤土に砂が混じっていて水はけもよさそうだ。

②樹木・竹を伐採、草刈り

樹木や竹が生えている場合はチェンソーで伐採。根はバックホーで掘り起こす。竹は、切り倒したらチッパーにかけてその場で粉砕。長い草が伸びたところはモアや刈り払い機で草刈り。自転車や家電製品、その他、ゴミがあれば運び出す。

天地返し
――畑の端から順番にこれを繰り返していく

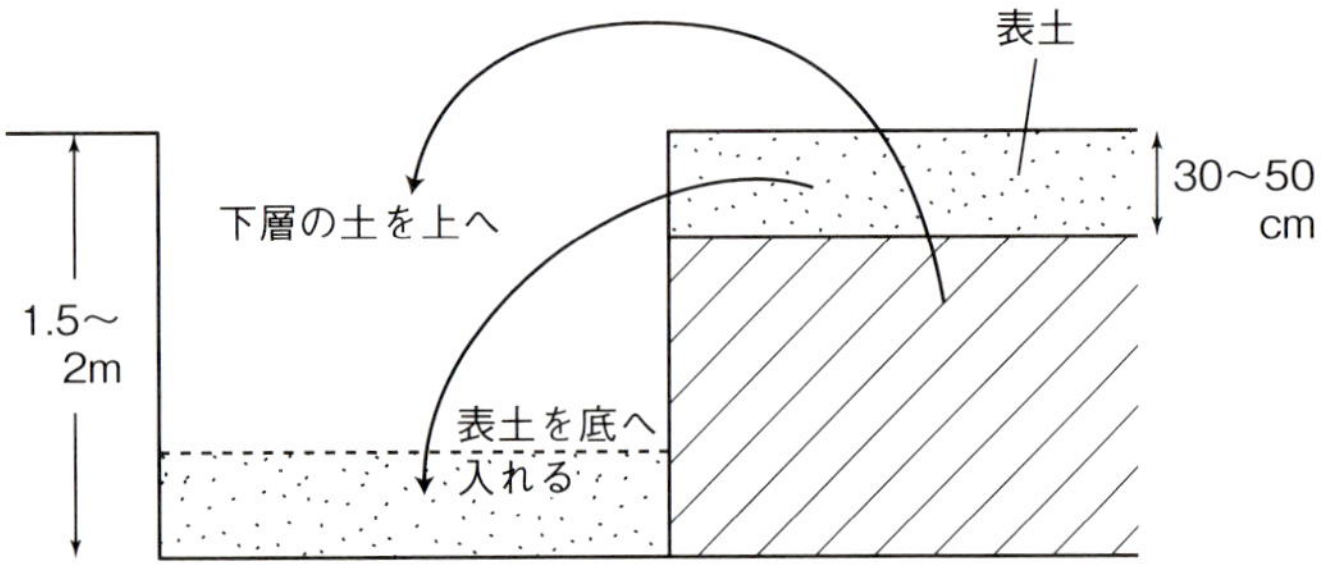

③樹木類を燃やす

伐採し、掘り起こした樹木類は、ハサミ（グラップル）を付けたバックホーで一カ所に集める。乾燥したら燃やす。灰が飛ぶと、洗濯物が汚れると近所から苦情が出る。そこで燃やすのは風がなくて小雨のときがベスト。同じ木材でもベニヤのような人工物を燃やすのはダメだが、自然の木や竹を野焼きするのは農業・林業には認められている。ただし消防署にはあらかじめ届けを出す。

④天地返し

大きな樹木・草が片付いたら、畑の表土三〇～五〇cmをはぐ。さらにその下を一～一・五m掘る。表土を一番下に入れ、その上に掘り起こした土を埋め戻す（上の図）。つまり雑草のタネが多い表土を下に入れ、タネの少ない下層土を表面に出して整地。バケット容量が〇・四五㎥クラスのバックホーなら一日に五aは進む。

⑤土壌改良

堆肥二tと貝化石一〇袋くらいを入れて耕耘。その後、野菜をつくる前に緑肥を一作つくってすき込む。夏に播くならソルゴー。秋ならエン麦やライ麦。水はけの悪い畑では、サブソイラをかけたり、溝を掘ってモミガラ暗渠を入れることもある。

交付金を活かして急拡大

東松山市だけで耕作放棄地は二五五haあるそうだ。この日、試し掘りした現場では、市の担当者が仲介して、後日、周辺の地権者に集まってもらい、どのくらいの範囲までナガホリが借地するか相談することになっている。東松山市内では、このほかにもう一カ所、一ha余りの湿地（もとは水田）を埋め立てて借地することが決まっている。隣の川島町では、河川敷にある林のような畑九・五haと竹やぶ状態の三・五haの開墾にまもなく取りかかる予定だ。

永堀さんはこれまで、開墾費用をすべて負担する代わりに、荒れ方に応じて数年間は借地料を無料にしてもらう方式で耕作放棄地の借地を増やしてきた。その借地面積が今年に入ってさらに急拡大している。国の耕作放棄地対策が始まったからだ。この対策では、重機を使って耕作放棄地を再生した場合、費用の五〇％が交付される。埼玉県では県が二五％補助するので、合わせて七五％が補助されることになる。耕作放棄地農業拡大のチャンスというわけだ。

農地を貸しても相続税が猶予される

また、ナガホリが請け負うような都市部に近い畑では、相続税の納税猶予制度が改正されたことも大きい。これまでは、農地を貸すと打ち切りになっていた農地相続税の納税猶予が、貸した場合でも適用されるようになったのだ（二〇〇九年六月に成立）。逆に（これは今までも同じだが）、農地を荒らしておいて相続が発生すれば、高い相続税を支払わなければならない。市町村税である固定資産税は荒れていても農地扱いだが、相続税額は現況で判断されるからだ。雑種地とみなされて宅地に近い評価をされることになる。

永堀さん、試し掘りの現場に立ち会った地権者や農業委員の人たちに、この相続税の問題と制度改正を強調していた。

次は「のれん分け」方式

それにしても東松山市や川島町は、ナガホリのある上尾市からは二〇㎞くらい離れている。こんなに遠くてコマツナの管理はできるのだろうか。

「これから増やす畑では、まず業務加工用のタマネギをつくろうと思っています。タマネギならコマツナほど手間はかかりません。それに、いつまでも上尾から通う必要はない。うちは『のれん分け』していきますから」

現在、ナガホリの社員は九人。非農家出身で農業をやりたい若者が増えているので、やる気のある若者をどんどん入れて技術を身につけさせ、耕作放棄地再生農家として独立させていくというのだ。二〇㎞どころか四〇㎞以上離れた深谷市や秩父市でも耕作放棄地の再生を請け負うつもりでいる

埼玉県内の耕作放棄地は約六〇〇〇ha（二〇〇五年農林業センサス）。永堀さんは、それ全部だって引き受けてしまいそうな勢いだ。

現代農業二〇〇九年十一月号

永堀吉彦さん

耕作放棄地再生利用交付金
（平成 21 ～ 25 年度）

（賃借等により耕作放棄地を再生・利用する取り組みに支払われるもの）

①再生作業
（障害物除去、深耕、整地、家畜による刈り払い等）*1
・荒廃の程度に応じ、3万円／10aまたは5万円／10a
・荒廃の程度が大きく重機等を用いて行なう再生作業の場合　1／2等

②土壌改良
（肥料、有機質資材の投入、緑肥作物の栽培等）*2
・2.5万円／10a（最大2年間）

③営農定着（作物の作付け）*2
〔水田等有効活用促進交付金の対象作物を除く〕
・2.5万円／10a（1年間）
（以下、略）

＊1　賃借権・使用賃借権の設定・移転、所有権の移転、農作業受託等によって耕作する者を確保して、またはその見通しをもって行なう農地の再生作業（一定以上の労力と費用を必要とするもの）を支援する

＊2　別途、自助努力等によって再生作業が行なわれた場合は、所有者が営農を再開する場合も含めて、土壌改良と営農定着を支援する

（農水省の資料より）

アタッチメントの使い分け

新潟県佐渡市●出﨑建継さん

二台のバックホーを使い分け

トキの郷・新潟佐渡で「トキ認証米」（正式名称「朱鷺《とき》と暮らす郷づくり認証制度」）をつくる出﨑建継《でさきたてつぐ》さんは、建設会社勤務のかたわら農業に取り組んでいる。バックホーは会社の仕事でずっと使ってきたが、「農地の整備にいろいろ使えそうだ」と二〇年ほど前に自家用に導入した。

購入したのは「コンマ二五」（標準バケット容量〇・二五㎥のバックホーの通称）と呼ばれるタイプの日立EX60だ。機体重量は五t。建設関係の知人に仲介してもらい、建機メーカーから中古品を八〇万円ほどで購入した。

それから数年後、出﨑さんは二台目のバックホーを購入する。コンマ四〇（標準バケット容量〇・四〇㎥）タイプの日立EX100で、機体重量は八・四tある。こちらも同じルートで購入して金額は一七〇万円ほどだった。新車で買えばどちらも六〇〇万～八〇〇万円というから、旧型の中古品とはいえ、じつにリーズナブルと言えるだろう。

EX60は、暗渠を掘ったりアゼ際の作業をしたりと小回りが必要な作業に、EX100は、表土の入れ替えや田んぼの基盤整備、堆肥の切り返しなど大がかりな作業にと、二つのバックホーを使い分けている。

法面バケットを使って堆肥の切り返しをする出﨑さん（EX100）

複数のアタッチメントも使い分け

アタッチメントも用途に応じて使い分けている。

ＥＸ１００用には、標準バケットの他に法面バケットを、ＥＸ６０用には、標準バケットの他に、法面バケットと暗渠用バケット、それに特注の網目状バケットも揃えている。

▼法面バケット

法面バケットは、爪がなくて底面が平らなのが特徴だ。地面を平らにしたり、土を整形したり、その名の通り法面を作るのにも適している。出﨑さんの場合は、農道に砂利を敷く、堆肥を切り返す、というようなときも法面バケットを使っている。

道に敷いた砂利を均すにも法面バケットが便利（EX60）

▼暗渠用バケット

暗渠用バケットは、標準バケット同様に爪はあるが、幅が三〇㎝ほどしかないのが特徴だ。溝を掘って暗渠を敷設するなど、細かい作業が必要なときに重宝する。

▼網目状バケット

網目状のバケットは、いわゆる「スケルトンバケット」に似た形状で、ユリを栽培していたときに球根の土をふるい落とすのに使っていたという。アタッチメントの価格は三〇万～四〇万円くらいが相場だが、特注の網目状バケットの価格は二五万円くらいと、他のバケットよりむしろ安くすんだ。

暗渠用バケット（EX60 用）

▼標準バケット

では、標準バケットはどのようなときに使うかというと、「地山のような硬い土を切り崩すとき」に活躍する。別の言い方をすると、「田んぼの中でバックホーを使うときは、土がほぐれて軟らかくなっているから、法面バケットでほぼ事足りる」。そのため最近はあまり出番がないようだ。

ちなみに、アタッチメントの着脱は単純だが多少時間がかかる。「アームの先のボルトを外せばバケットを外せるが、作業が大がかりで付け替えには一五～二〇分ほどかかる」とのこと。それで現在の出﨑さんにとっては、法面バケットが「標準」のようになっている。

標準バケット（EX100 用）

自前のバックホーを活かして使いやすい田んぼを造った

出崎さん自慢の田んぼの基盤整備（下の写真）は、これら二台のバックホーと、複数のアタッチメントを駆使して実現した。作業はすべて自前だ。

ＥＸ１００の標準バケットを使って表土を入れ替え、法面バケットで全体を均し、ＥＸ６０の法面バケットで斜面部分を整備。地中化した水路は暗渠用バケットで溝を掘って埋めた、という具合だ。

ちなみに、上の田んぼとの境のアゼにはコンクリートを使っている。土崩れと上の田んぼから水が染み出てくるのを防ぐためだ。また、アゼと斜面部分にはシバを植えて、草が生えるのを抑えている。条件の悪い田んぼを潰してため池に変えたり、暗渠を敷設したりもした。こうした作業も、バックホーがあるとすべて自分でできる。

スケルトンバケット。出﨑さんの網目状バケットもこれに似ている

最近は、堆肥の切り返しや、道の整備、田んぼの補修、畑の開墾でバックホーを使うことが多い。出崎さんは、時期を問わず、気になったところに必要なタイミングでバックホーを出動させている。

「今は昔と違ってリースやレンタルという選択肢もあるけれど、借りたはいいものの悪天候で作業できないこともある。自前で持っているとそういう心配がない。借りたバックホーを運ぶときの輸送費もバカにならない。やっぱり自前で持ったほうが好きに使えていい」そうだ。

（取材・萱原正嗣）

現代農業二〇一〇年十一月号

出﨑さんの田んぼ。用排水路の塩ビ管は地中に埋設（直径150～200㎜、点線部）、アゼをなくし、緩やかな斜面（シバを植えている）と路面を使って農機が自在にUターンできるようにしている（写真は2010年9月号掲載）

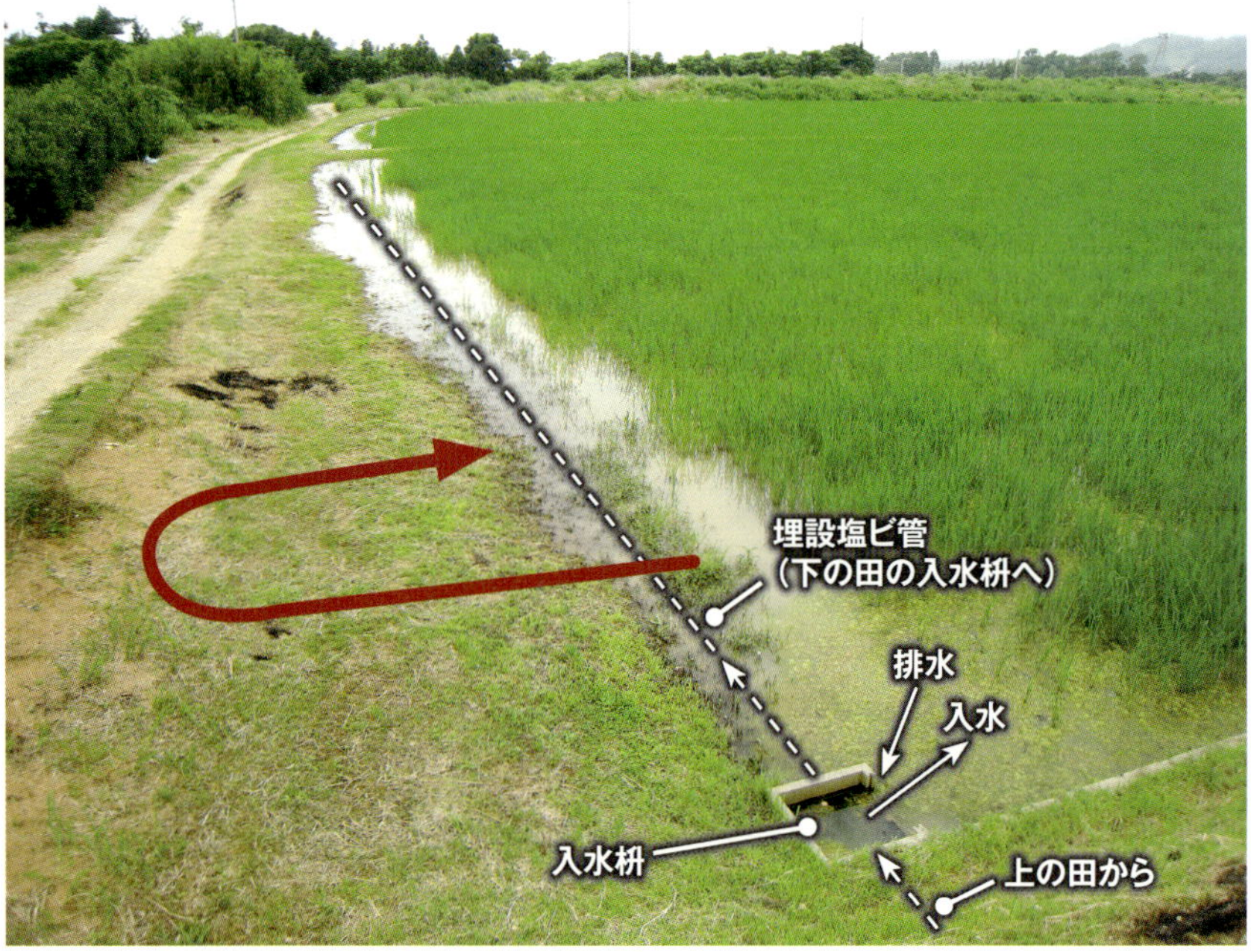

小型バックホーにつけられる 暗渠用バケット

岡山県岡山市●小野政則

暗渠用バケット
標準バックホーよりも20㎝幅が狭く、土離れがいい。同様の細型バケットは中〜大型バックホー用のものはあったが、小型のものはなかった。
※現在は取り扱いを中止している

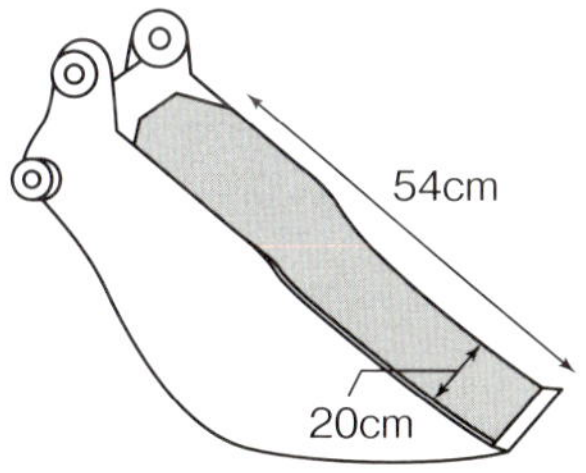

小型バックホーでも使える細いバケットを

最近の気候変動の影響か、昨年はイネの収穫時期から麦の作付け時期にかけて長雨が続き、田んぼの排水が悪化。敷設三〇年経過した本暗渠の掘り返しを行なう予定でしたが、深さ一mにある本暗渠を掘ろうにも思うように作業がはかどらず、モミガラ簡易補助（コルゲート管は使わない）暗渠を新しく作ることにしました。

もともと小型のバックホー（コマツPC12）を所有していたため、標準バケットで掘ってもよかったのですが、湿田のためバケットの土離れが悪く、作業性がよくないこと、暗渠の溝幅が四〇cmになり、後々トラクタや田植え機の車輪が落ちると面倒だと思いました。

暗渠の溝掘りに向き、自分のバックホーに取り付けられる幅二〇cmの細型バケットがないかと探していたときに、西村熔接工業所さん（香川県）の暗渠用バケットを知り、小型バックホー用のバケットを購入しました。

トレンチャーなら早く、きれいに掘れるのですが、暗渠用バケットの導入コストのほうが安く、ほかの作業にも汎用性があり、採用しました。

土離れがいい

使用してみると、思った以上にきれいに掘れ、気にしていたバケットの土残りも、いちばん最初は二回程度揺すらないと土が排出されませんが、ある程度使っていくと揺すらなくても土残りはありません。

幅二〇cm、もちろん深さは調節しだいで深く掘ることも可能です。深さ約八〇cmで、一〇〇m掘るのに四時間程度でした。素人ですのでプロがするともっと早いと思います。

アゼ切りにも使える

今年の田植えは、田植え機がぬかるのを心配していましたが、無事に終えることができました。タイヤが暗渠の上を通らずにすみました。標準バケットで掘っていたら溝幅が大きく、ぬかっていたでしょう。

そのほか、アゼ板を設置するときの溝掘りやアゼ切り（額縁明渠掘り）など、鋤の代わりに使用しています。

現代農業二〇一三年十一月号

マルチはぎ、高ウネも簡単

長い爪付きバケット

奈良県曽爾村●吉田信夫

畑のウネ立てで活躍する長い爪付きバケット

吉田信夫さん

私の畑づくりの原点は、先祖が残した土地をいかに維持するかという問題でありました。畑仕事は親が自活のためにしていた程度で、私自身はまったくのど素人。しかし土建業をしていますので重機などを少し持っています。これをうまく使って、子や孫、知人に食べてもらう目的で野菜づくりを始めました。

畑のウネ立てではもっぱらミニバックホーを使います。トラクタで平らに耕したところでは、まず、ウネにするところにロープを張り、ミニバックホーでバックしながら溝を掘って、掘った土をウネに盛っていきます。

前作の収穫後は、マルチを撤去し、ウネ間の溝にバーク堆肥や収穫残渣などを入れ、隣に溝を掘って、前作の溝の上にウネを盛っていくという手順。ウネを立てたら石灰を入れ、ウネの上をミニ耕耘機で耕してマルチを掛け、穴を開けてタネを播きます。

バケットの先には、鉄筋の丸棒を溶接して長さ三〇cmくらいの爪を付けました。ポリマルチをはがしたり、マルチにしたイナワラや収穫残渣などを溝に落とすときに、この爪が役立つのです。

トラクタで立てられるウネは二〇～三〇cmくらいでしょうか。ミニバックホーを使えば、ジネンジョやゴボウをつくる五〇cmの高ウネを立てるのも簡単です。毎年位置を変えながらミニバックホーで畑を掘り、ウネ立てすることで、畑全体が軟らかくなります。また、小回りがきく機械なので小さい畑、形がいびつな畑のウネ立ても得意です。

現代農業二〇一三年四月号

一〇秒で変身、モノがつかめる！

バケットハンド

千葉県佐倉市●志々目邦治

私は土木業のかたわら、六haの稲作と少しの菜園を楽しんでいます。

土木業という仕事柄、工事や家屋の解体などでバックホーをよく使います。その際に、バケットで作業していても、ちょっとだけ物を挟んで持ち上げたり移動したいという場面がよくあります。また逆に、ハサミを取り付けていて、バケットに切り替えたいという場合もあります。

しかし、バックホーのアタッチメント交換には時間がかかり、面倒なので、ついつい不便なまま作業してしまいがちです。

そこでバケットとハサミでの作業を

「バケットハンド」を使うときは、連結ピンの位置を変えてハンドを反転させる

両立するアタッチメント（「バケットハンド」と命名）を考案しました。

　このアタッチメントは、片手で持てるくらい軽量で、普段はバックホーのアームに収納が可能です（溶接不要で機械を傷付けません）。

　バケットで作業をしている際に、なにか挟みたいものがあれば、アームからハンドを伸ばし、すぐに物が挟めます。いちいちバケットを取り外したりハサミを取り付けたりする必要はありません。アームを反転するだけですので、収納も装着もわずか一〇秒で切り替えが可能です。

　さらに、用途に応じてハンドの先に装着するフィンガーも作りました。

　農家は、バックホーを掘削以外に、物を片付けたり、大きな木や石を移動するような用途によく使います。バケットハンドなら、バックホーの能力をより引き出すことができると思います。

　知人に作ってあげたところ、すこぶる評判がいいです。被災地でも活用してもらえればと考えています。

現代農業二〇一三年九月号

用途別フィンガー

ブロックフィンガー。重いコンクリート製品を傷付けずに持ち上げられる

土砂フィンガー。バケットですくえず、ハサミで挟めない少量の砂や砕石の移動に使う

レーキフィンガー。刈り草などを効率よく集めて、積み込みまでできる

※バケットハンドは原価でオーダーメイドいたします。連絡先は TEL090-3109-7476

ユンボバリカンとロータリーモア

千葉県印西市●橋本桂一

ユンボバリカンに乗り、ヤブ払い中の筆者。右のほうにある三相発電機の電力でモーターが駆動し、バリカンが動く

合体メカで草と闘う

昔、ロボットアニメの合体メカに夢中になっていた子どもが、五〇過ぎのオッサンになって農業を始めた結果、合体メカで雑草という強敵と闘っています。よい機械が市販されているのはわかっていますが、それでは楽しくない。私は「新兵器」とか「秘密兵器」というのが大好きなので、誰も持っていないオリジナルで勝負したい！

ヤブ払いにユンボバリカン

コンバインでイネ刈りをしているときに、この刈り刃は使えるな、と思ったのがきっかけです。合体させたのは、コンバインの刈り刃とユンボ（バックホー）、モーター、三相発電機です。

▼刈り刃をバリカンに

コンバインの刈り刃二セットを背中合わせにしてアングルで固定。モーターの回転運動をクランクで往復運動に変換してロッドに繋ぎ、バリカンを動かします。発電機はブラケットで排土板に搭載しました。

▼つる草が絡まらない

ユンボを使うメリットは、長いリーチがあること、使用角度が自由なこと、旋回できること、走破性が高いことなど計り知れません。

また、このバリカンは刃につる草が巻き付いたりすることもなく、法面や耕作放棄地の整理などにうってつけです。ただし、硬い木や鉄の棒などを引っかけた場合、回転が止まってモータ

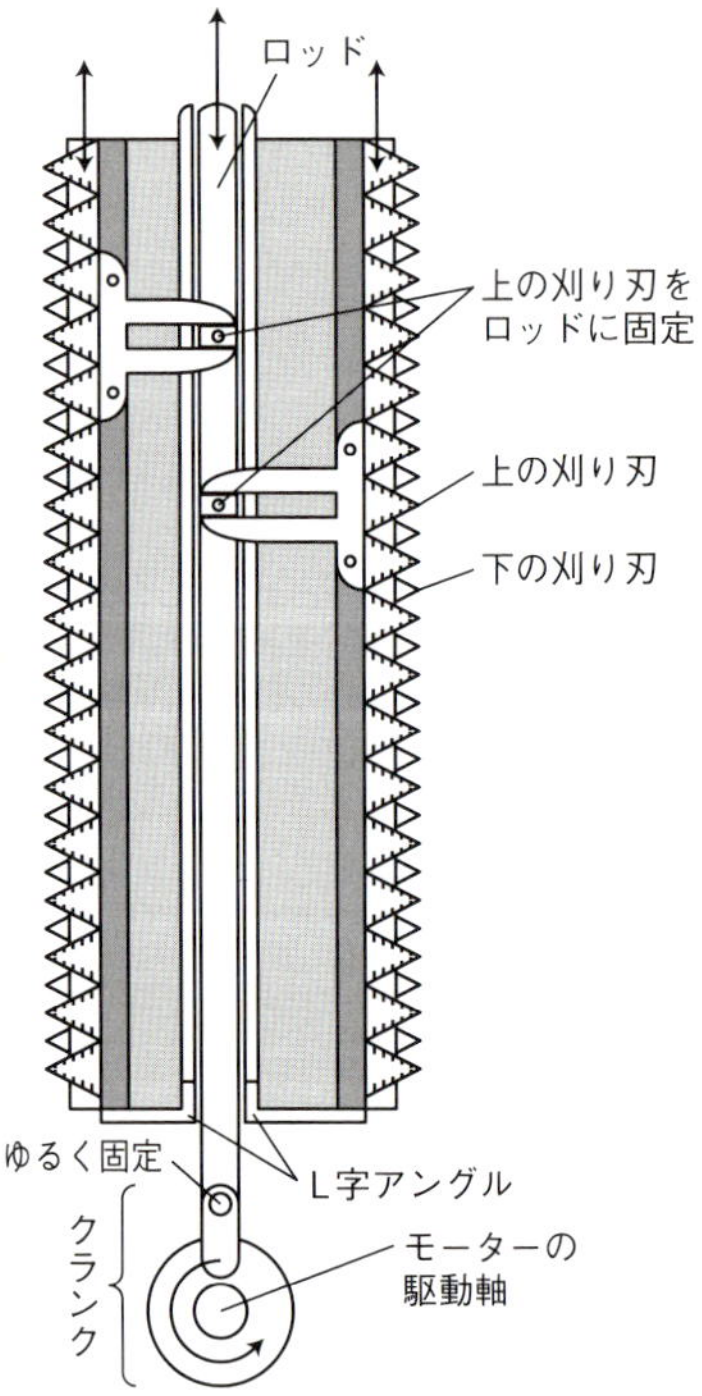

モーターの軸によってクランクが回転すると、ロッドが引っ張られてピストン運動を繰り返す。ロッドにつながった上の刈り刃も同じように動く（下の刈り刃は固定されている）

ロータリーモア

ーが焼けたり、バリカンの刃が折れたりするので注意が必要です。

　バリカン部分は、刃とモーターがオークションの中古・新古品なので二万～三万円ほどですみました。発電機は中古でもけっこう高いので、すでにお持ちの方以外にはあまりおすすめできません。今後は振動対策として、今は同時に動かしている左右の刈り刃を交互動作にしたらどうかと考えています。

草刈りにロータリモア

　草刈り用のハンマーナイフモアは、素人目にはロータリに比べて、刃が前後に自在に動くのと回転が速いだけじゃん、って思ってしまったのです。

▼モア用の爪に変更

　ロータリのナタ爪を外し、穴開きプレートを介してハンマーナイフモア用のフリー爪（前後にぶらぶら動く爪）を取り付けました。

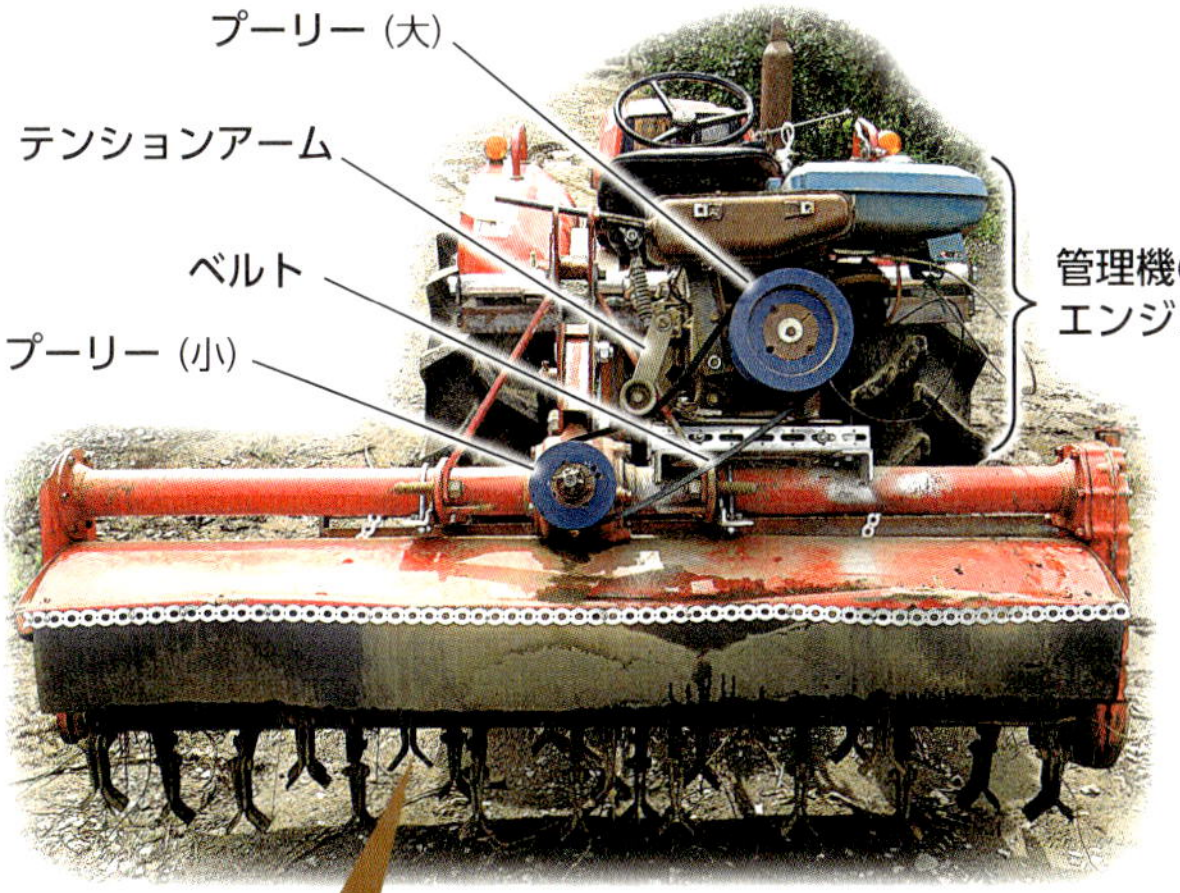

ロータリを前後逆に取り付け、均平板を取り払った。管理機の回転軸に取り付けたプーリー（大）が回転すると、ロータリの駆動軸に付けたプーリー（小）が回り、爪軸が回る。テンションアームでベルトを押さえることで、プーリー（小）の回転速度がさらに上がり、爪軸が高速回転する

ロータリのナタ爪を取り外し、穴開きプレートに付け替え、フレールモア用の爪をぶら下げた

▼エンジン駆動で高速逆回転

　問題は、どうやって爪軸を二〇〇〇回転／分以上という高回転にするかですが、PTO軸の回転だけでは無理っぽい。しかもハンマーナイフモアは爪が逆回転（アップカット）です。

　そこで「合体」。ロータリを前後逆に付け、爪軸を逆回転させました。トラクタのPTO軸ではなく、使わなくなった管理機のエンジンを動力とし、プーリーで高速回転させます。回転速度を速めるために、テンションアームをクラッチの代わりに使っています。

▼タイヤを落とさず際まで刈れる

　パイプを使ったスライド支持を取り入れ、作業機を左右に動かせるようにしました。法面などの際を刈るとき、際のほうにロータリを移動させることでタイヤを落とさず刈れるなど、便利です。まだ爪軸の回転速度が若干足りないようですが、そこそこ使えます。

　一度改造すると簡単には元に戻せなくなるので、不要のロータリを使うのがいいでしょう。かかった費用はフリー爪とプーリー、ベルトなどで三万円前後でした。

現代農業二〇一五年八月号

オリジナルバケットでバックホー農業自由自在

佐賀県武雄市●横田初夫

わが家のバックホー、本来は造園の仕事に使うつもりで九年前に購入したのが始まりで、夏場のせん定時期や農作業が忙しい時期には出番がなく、宝の持ち腐れ状態になっていました。農耕用トラクタには作業に応じた作業機があります。そこでバックホーにも、農作業がしやすくなるようなバケットを作ってみました。

サトイモ掘り用とモミガラ積み込み用

一つはサトイモ掘り用。これは、バケットというか、イモを掘り出すための四本の鉄棒で作った爪です。

もう一つはモミガラ積み込み用のバケットです。モミガラは土砂と比べ軽いので、バケットにたくさんすくったからといって、重みでバランスがどうこうなることはありません。そこでかなり大きくなりました。また、軽ダンプや二tダンプの枠を取り付けた荷台に積み込むには高く持ち上げたいので、バケットは通常と反対向きに取り付けてあります。

これらのオリジナルバケットは、建設機械全般の修理加工をしている地元の諸石建機さんに相談して製作してもらっています。

サトイモ掘り用に作ったオリジナルの爪

せん定クズの片付けや山の作業道造りにも

そのほか私が使うバケットは、暗渠排水工事用に掘削幅二五cmの平バケット、標準爪バケット（同四五cm）、法面バケット（同五五cm）です。木材や、せん定クズをはさむクローフォーク爪もよく使います。オリジナルのものと合わせて六種類のバケットや爪が、いろんな場面で活躍しています。

二年ほど前には、佐賀県の林業課が開催した、バックホーを使っての山林の作業道造りの講習会に参加しました。以来、『現代農業』にも掲載された四万十方式の作業道造りの方法を参考に、これまで三カ所、延べ五haほど作業道を開設しました。今シーズンも二カ所の依頼を引き受けています。

現代農業二〇一二年三月号

バケットを高く持ち上げるため、ふつうと逆向きに取り付けて使う

モミガラ積み込み用は大きなバケット。現在のバックホー、コマツPC18MR-3は3代目で2010年3月購入

バックホーをもっと便利に リフトフォークと パレットダンプ

千葉県佐倉市●志々目邦治

リフトフォークを使うと、米を積んだパレットをバックホーで移動させることもできる

これがリフトフォーク。排土板に引っ掛けて使う

最近、特に便利に使っているのはリフトフォークです。フォークリフトを置いていない所や、地盤が舗装されておらず使えない場所で、バックホーを使ってパレットの移動を手軽にできるようにするものです。

バックホーの排土板にフォークを取り付けます。フォークの一端を排土板に引っ掛けられるようにカギ型に加工しました。使用するときは、移動したい物の大きさに応じて、排土板の任意の位置に上からかぶせるように置くだけです。

ちなみに動かせる重量は、バックホーの重量の五分の一くらいです。二tクラスのバックホーだと四〇〇kgくらいですね。

私のバックホーに装着してあるバケットハンド（一三八ページで紹介）とともに利用すると、重いブロックなどを運搬するのに便利に使えます。まず、バケットハンドでつかんでパレットに載せる。リフトフォークで移動して片づける。

また、パレットを加工して枠とワイヤーをつけ、パレットダンプと称するものも作りました。ゴミや土砂を運んでダンプアップできるようにしたものです。人力による作業をできるだけなくしてラクしてやっていこうとしています。

現代農業二〇一五年九月号

バックホーで土砂を運んだりするのに便利なパレットダンプ

本書は『別冊 現代農業』2017年12月号を単行本化したものです。

著者所属は、原則として執筆いただいた当時のままといたしました。

農家が教える

軽トラ&バックホー

使いこなし方、選び方

2018年7月15日　第1刷発行
2023年8月5日　第8刷発行

農文協　編

発行所　一般社団法人　農山漁村文化協会
郵便番号 335-0022 埼玉県戸田市上戸田2-2-2
電話 048(233)9351(営業)　048(233)9355(編集)
FAX 048(299)2812　振替 00120-3-144478
URL https://www.ruralnet.or.jp/

ISBN978-4-540-18159-7　DTP製作/農文協プロダクション
〈検印廃止〉　印刷・製本/凸版印刷(株)